四川烟田

昆虫群落结构与害虫绿色防控

SICHUAN YANTIAN KUNCHONG QUNLUO JIEGOU YU HAICHONG LVSE FANGKONG

刘旭 雷强 刘虹伶 著

四川科学技术出版社

图书在版编目（CIP）数据

四川烟田昆虫群落结构与害虫绿色防控 / 刘旭, 雷强,
刘虹伶著. -- 成都 : 四川科学技术出版社, 2020.8
ISBN 978-7-5364-9894-5

Ⅰ. ①四… Ⅱ. ①刘… ②雷… ③刘… Ⅲ. ①烟草 –
昆虫群落 – 群落生态学 – 研究 – 四川②烟草 – 病虫害防治
– 研究 – 四川 Ⅳ. ①Q968.1②S435.72

中国版本图书馆CIP数据核字（2020）第135155号

四川烟田昆虫群落结构与害虫绿色防控

著　　者　刘　旭　雷　强　刘虹伶

出 品 人　程佳月
责任编辑　何　光
封面设计　张维颖
责任出版　欧晓春
出版发行　四川科学技术出版社
成都市槐树街2号　邮政编码 610031
官方微博：http://e.weibo.com/sckjcbs
官方微信公众号：sckjcbs
传真：028-87734035
成品尺寸　146mm × 210mm
印　　张　6.25　字数 130 千
印　　刷　四川省南方印务有限公司
版　　次　2020年11月第 1 版
印　　次　2020年11月第 1 次印刷
定　　价　38.00元

ISBN 978-7-5364-9894-5

邮购：四川省成都市槐树街2号　邮政编码：610031
电话：028-87734035　电子信箱：sckjcbs@163.com

前　言

四川是我国主要战略性优质烟叶生产基地之一，常年种植烟草10万hm^2左右，收购烟叶360万担（1担=50 kg）以上。全省共有7个植烟区，其中烤烟区5个，晒烟区2个，主要分布在盆地边缘老、穷、边、少地区。烟草是四川省植烟区农业经济的支柱产业，更是烟农特别是植烟区贫困户脱贫致富的主要渠道。

四川省植烟区有着独特的自然生态条件、土壤结构和作物布局，决定了烟田烟草有害生物的多样性，同时具有分布广、危害重、损失大的特点。烟草害虫是四川烟草有害生物的重要组成部分，在四川省植烟区普遍发生和危害的主要害虫有烟草蚜虫、烟青虫、小地老虎、暗黑鳃金龟、铜绿丽金龟等，其中烟草蚜虫吸食烟叶汁液，造成烟株生长缓慢和导致烟叶品质下降，同时，还诱发烟叶烟煤病和传播黄瓜花叶病毒病等，其造成的损失远大于害虫直接危害的损失；烟青虫取食烟叶心芽和顶部嫩叶，严重影响烟株生长；小地老虎、中华叩甲、铜绿丽金龟、暗黑鳃金龟等地下害虫危害烟苗根部，造成烟苗死亡和断苗；近年来，斜纹夜蛾等杂食性害虫有逐年加重发生和危害的趋势，这些主要害虫每年均给四川省烟叶生产造成严重的产量损失。长期以来，针对这些害虫的防治，主要依赖化学农药，然而超量、滥用等不科学用药的行为，为烟叶农药残留超标带来潜在的危险。

由于烟草是以叶用为主的经济作物，必须保证烟叶的完整度、可用性和安全性。必须把病、虫、草害的危害控制在较低水平，把病、虫、草害防治风险特别是农药残留超标风险控制在最低水平，以获得协调的理论性状，保障烟叶安全，提高烟叶产量。为此，2010 年以来四川省烟草公司和攀枝花市烟草公司、凉山彝族自治州烟草公司、广元市烟草公司和宜宾市烟草公司等相继立项“四川烟田害虫种类调查及主要害虫防控技术研究与示范”等项目 10 余项，由四川省农业科学院植物保护研究所和四川省烟草技术中心，以及七大烟区技术中心科技和管理人员组成项目协作组，首次系统地开展了四川省植烟区害虫种类调查和主要害虫生物学及生态学特性，以及绿色防控技术研究与集成。经过协作组六年的努力，初步查清了四川省植烟区烟田昆虫（天敌）种类和地理分布，探明了烟蚜、烟青虫、小地老虎等主要害虫种群的生物学和生态学特性，探索出了主要害虫关键防治技术，集成出了四川植烟区害虫绿色防控技术模式和方案，为四川烟田害虫防控的科学用药、控害保质和降低烟叶农药残留超标风险发挥了重要的作用。

本书中的内容是项目协作组近年来从事四川植烟区烟草害虫研究的阶段性总结和成果，也是研究团队的专家们共同努力的结果，相信书中的研究成果将为四川植烟区烟草害虫的有效防控和农药的减量增效发挥积极作用，特别是2017年起中国烟草公司启动了绿色防控专项，在全国植烟区全面推行烟草主要病虫害的绿色防控计划，深信本书也将会有很好的参考价值和借鉴作用。

在科技项目的研究和本书的撰写、出版过程中，始终得到了中国烟草总公司四川省公司和四川省烟草公司攀枝花市、凉山彝族自治州、泸州市、宜宾市、广元市、达州市和德阳市公司，以及下属县、市（区）烟草分公司的领导和技术负责人的关心与支持，谨致衷心感谢。

刘 旭

2020年3月18日

目 录

第一章 四川烟田昆虫种类调查

烟田是烟草昆虫的生存环境之一，烟草是烟田植食性和捕食性（或寄生性）昆虫的主要食物来源，烟草品种、烟草的生长发育（生育期），烟草周围植物的分布、种类以及地形、地势和气候等各种影响烟草生长的因素，都对烟田昆虫种群的组成和种群动态产生极大的影响。烟田昆虫是烟田生态系统的重要成员之一，开展对四川省各植烟区昆虫种类的调查研究，不仅是对四川省农（林）业昆虫的区系调查的补充和完善，更是为掌握和了解四川省烟草昆虫特别是害虫的种类分布和危害情况，是制定其防控措施的最基础的研究。

烟田昆虫种类调查是通过定田、定株和定时的“三定”系统调查和随机普查相结合的方式，采用“人工挖查法”“人工网捕法”“灯诱、色板诱集和性诱法”等手段，对烟苗苗床期、移栽期、团棵期、旺长期、烟叶成熟期烟草昆虫（包括烟株地上部和地下部）（含天敌），以及烟田不同坡度（平坝、丘陵、缓坡等）和烟株部位（叶片、茎秆、地面、地下）害虫（含天敌）的种类、分布和危害调查。系统调查则是在川北植烟区的广元市剑阁县剑阁镇、川南植烟区的泸州市古蔺县箭竹镇和宜宾市筠连县高坪镇，以及川西南植烟区的攀枝花市米易县普威镇和凉山彝族自治州冕宁县回龙镇，各选取有代表性的烟田3块，每块5点取样，每点定5株（东、南、西、北、中）。从还苗期（移栽后7 ~ 15 d）开始至烟叶成熟后期（移栽后110 ~ 120 d），每5 d调查1次，每次调查记数每株烟叶（自顶叶至下部脚叶）、茎、花、蕾和蒴果的昆虫（害虫和天敌）种类和个体数；地下部分，采用挖查法，每块按“Z”字形取样，每块地5点，每点50 cm × 50 cm × 60 cm，每个样方按每10 cm向下层取样，分别记数地下害虫种类和数量。每年调查5次，收获后20 d左右1次，冬季（1月、2月）待越冬稳定后1次，春季（3月、4月）1次。随机普查则是在烟草生长期和休耕期，不定时和不定区域的普查方式。

第一节　四川烟田昆虫种类

四川省植烟区主要地处亚热带湿润和半湿润区，随着烟草种植面积的扩大和发展，烟草害虫对烟草生产造成的影响日趋突出。四川省烟田烟草害虫种类及其主要发生危害情况，在2000年以前，没有人做过系统的研究和报道。2000年后，特别是2010年以来，在四川省和各地市州烟草分公司的项目支持下，四川省农业科学院植物保护研究所主持，由凉山彝族自治州、攀枝花市、泸州市、宜宾市、广元市、达州市和德阳市烟草分公司及其下属的28个植烟县的技术人员和生产人员组成四川省烟草昆虫调查团队，经19个系统调查点和80个普查点，累计采集害虫样本53 792件，经标本鉴定（疑难样本送到沈阳农业大学、中国科学院动物研究所和西南大学等权威机构鉴定），已查出四川省植烟区烟田害虫种类103种，分属12目40科；天敌种类18种，分属于9目10科（表1-1和表1-2）。其中发生数量、发生范围和危害损失严重程度的害虫（优势种）包括：烟草蚜虫 *Myzus persicae* Sulzer、烟青虫 *Heliothis assulta* Guenee、斜纹夜蛾 *Prodenia litura* Fabricius、小地老虎 *Agrotis ypsilon* Rottemberg、暗黑鳃金龟 *Holotrichia parallela* Motschulsky、铜绿丽金龟 *Anomala corpulenta* Motschulsky 和东方蝼蛄 *Gryllotalpa orientalis* Burmeister 等。

表1-1 四川烟田烟草生长期害虫名录（2013～2015年）

序号	种名	学 名	分 布	危害程度
1	中华稻蝗	*Oxya chinensis* Thunberg	四川省植烟区	+++
2	山稻蝗	*Oxya ogavisa* Tsai	泸州、宜宾、德阳	++
3	短额负蝗	*Atractomorpha sinensis* Bolivar	攀枝花、凉山、泸州、宜宾、达州	+++
4	棉蝗	*Chondracris rosea rosea* De Geer	攀枝花、凉山、德阳	+
5	东亚飞蝗	*Locusta migratoria manilensis* Meyen	攀枝花、凉山、泸州、宜宾、达州	++
6	疣蝗	*Trilophidia annulata* Thunberg	攀枝花、凉山、广元、达州	+
7	螽斯	*Longhorned grasshoppers*	四川省植烟区	+++
8	小螽斯	*Conocephalus maculatus*	达州、德阳	++
9	中华露螽	*Phaneroptera sinensis* Uvaror	攀枝花、凉山、广元、达州	++
10	东方蝼蛄	*Gryllotalpa orientalis* （Burmeister）	四川省植烟区	++++
11	北京油葫芦	*Teleogryllus mitratus* Burmeister	四川省植烟区	+++

续表

序号	种名	学　名	分　布	危害程度
12	尖角棺头蟋	*Loxoblemmus angulatus* B. ～ Bienko	攀枝花、凉山、泸州、宜宾、广元、达州	++
13	南方油葫芦	*Teleogryllus mitratus*	广元、德阳	++
14	黑油葫芦	*Gryllus tsstaceus* Burmeister	攀枝花、凉山	++
15	斗蟋	*Velarifcotorus micado* Saussure	四川省植烟区	++
16	花生大蟋	*Tarbinskiellus portentosus* Burmeister	四川省植烟区	+++
17	稻绿蝽	*Nezara viridula* Linnaeus	四川省植烟区	+++
18	烟盲蝽	*Cyrtopeltistenuis* Reuter	攀枝花、凉山、泸州、宜宾、广元	++++
19	斑须蝽	*Dolycoris baccorum* Linnaeus	四川省植烟区	+++
20	四川东盲蝽	*Orientomiris piceus*	泸州、宜宾、广元、达州、德阳	++
21	二点黑尾叶蝉	*Nephotettix uirescens* Distangt	攀枝花、凉山、广元、	+++
22	黑尾叶蝉	*Nephotettis bipunctans* Uhler	攀枝花、凉山、泸州、宜宾、广元	++
23	大青叶蝉	*Cicadella viridis* Linnaeus	攀枝花、凉山、广元、德阳	+++
24	小绿叶蝉	*Empoasca vitis* Gothe	四川省植烟区	+++
25	二点叶蝉	*Cicadulina bipunctella* Mats	四川省植烟区	++
26	稻沫蝉	*Callitettix versicolor* Fabricius	攀枝花、凉山、宜宾、德阳	+++

续表

序号	种名	学 名	分 布	危害程度
27	白背飞虱	*Sogatella furcifera* Horváth	泸州、宜宾、广元、达州、德阳	+++
28	烟蚜	*Myzus persicae* Sulzer	四川省植烟区	++++
29	甘蓝蚜	*Brevicorynebrassicae* Linnaeus	四川省植烟区	++
30	萝卜蚜	*Lipaphis erysimi* Kabltenbach	四川省植烟区	+++
31	烟粉虱	*Bemisia tabaci* Gennadius	四川省植烟区	+++
32	温室白粉虱	*Trialeurodes vaporariorum* Westwood	四川省植烟区	+++
33	花蓟马	*Frankliniella intonsa* Trybom	四川省植烟区	++
34	烟蓟马	*Thrips tabaci* Lindeman	四川省植烟区	++
35	铜黑异丽金龟	*Anomala antique* Gyll-enhal	攀枝花、凉山、泸州、达州	+++
36	铜绿丽金龟	*Anomala corpulenta* Motschulsky	四川省植烟区	++++
37	大绿丽金龟	*Amomala cuprea* Hope	攀枝花、凉山、广元、达州	++
38	甘蔗翼翅丽金龟	*Anomala expansa* Bates	攀枝花、凉山、宜宾	++
39	苹绿丽金龟	*Anomala sieversi* Heyden	攀枝花、凉山、泸州、宜宾	++
40	淡铜异丽金龟	*Anomala rufocuprea* Mostchulslxy	四川省植烟区	++
41	脊绿异丽金色	*Anomala acclax* Wiemann	凉山、攀枝花	++

续表

序号	种名	学　名	分　布	危害程度
42	多色异丽金龟	*Anomalasmaragdinagdina* Ohuse	四川省植烟区	++
43	黄褐丽金龟	*Anomala exoleta* Faldermann	攀枝花、凉山、泸州、宜宾、广元、达州	++
44	翠绿异丽金龟	*Anomala millestriga* Bates	攀枝花、泸州、宜宾、达州、德阳	+
45	亮绿丽金龟	*Mimela dehaani*	攀枝花、凉山、泸州、宜宾、广元	++
46	中华弧丽金龟	*Popillia quadri uttata* Fabricius	四川省植烟区	++
47	无斑弧丽金龟	*Popillia mutans* Newman	攀枝花、凉山、泸州、宜宾、广元、达州	++
48	琉璃弧丽金龟	*Popillia atrocerulea* Bates	攀枝花、凉山、宜宾、广元、达州	++
49	苹毛丽金龟	*Proagopertha lucidula* Faidermann	攀枝花、凉山、泸州、广元	++
50	暗黑鳃金龟	*Holotrichia parallela* Motschulsky	四川省植烟区	++++
51	铝灰鳃金龟	*Holotrichia plumbes* Hope	攀枝花、凉山、泸州、宜宾、广元	+
52	华脊鳃金龟	*Holitrichia sinensis* Hope	攀枝花、凉山、宜宾、广元、达州	++
53	等脊鳃金龟	*H.pledina aequabilis* Bates	四川省植烟区	++
54	叉胸突鳃金龟	*Hoplosternus insigris* Semenov	攀枝花、凉山、泸州、广元、达州	++
55	灰胸突鳃金龟	*Hoplosternus incanus* Motschlsky	攀枝花、凉山、广元、达州	++

续表

序号	种名	学　名	分　布	危害程度
56	小黄鳃金龟	*Meabolus flacescens* Brenske	攀枝花、凉山、泸州、宜宾、达州	+++
57	条索鳃金龟	*Sophrops* Fairmaire	攀枝花、凉山、泸州、宜宾、广元、达州	+++
58	中索鳃金龟	*Sophrops* Fairmaire	攀枝花、凉山、泸州、宜宾、达州	++
59	玛绒绢金龟	*Serica aureola*	攀枝花、凉山、广元、达州	++
60	云斑鳃金龟	*Polyphylla laticollis* Lewis	攀枝花、凉山、泸州、宜宾、广元	++
61	黑绒金龟	*Serica orientalis*，*Maladera orientalis*	攀枝花、凉山、泸州、宜宾、广元、达州	+++
62	金黄绢金龟	*Serica aureola* Murayama	攀枝花、凉山、泸州、宜宾、广元、达州	++
63	神农蜣螂	*Catharsius molossus* Linnaeus	四川省植烟区	+++
64	臭蜣螂	*Copris ochus* Motschulsky	四川省植烟区	++
65	台风蜣螂	*Scarabaeus typhoon* Fischer）	攀枝花、泸州	+
66	中华叩甲	*Elater sinensis* Candeze	攀枝花、德阳	+++
67	沟金针虫	*Pleonomus canaliculatus* Faldermann	攀枝花、凉山、泸州	+
68	细胸金针虫	*Agriotes subvittatus* Motschulsky	攀枝花、凉山、达州	++
69	宽背金针虫	*Selatosomus latus* Fabricius	攀枝花、凉山、泸州、宜宾、广元、达州	++

续表

序号	种名	学　名	分　布	危害程度
70	细脚叩头虫	*Agriotes fuscicollis* Miwa	达州	++
71	茄二十八星瓢虫	*Epilachna vigintioctopunctata* Fabricius	四川省植烟区	++
72	马铃薯瓢虫	*Henosepilachna vigntioctopunctata* Fabricius	四川省植烟区	++
73	瓜茄瓢虫	*Epilachna admirabilis* Crotch	攀枝花、凉山、泸州、宜宾、广元、德阳	+++
74	桔光绿天牛	*Chelidonium argentatum* Dalman	攀枝花、凉山、泸州、宜宾、广元、德阳	+++
75	桔褐天牛	*Nadezhdiella camtori* Hope	攀枝花、凉山、泸州、宜宾、德阳	++
76	黑额光叶甲	*Smaragdina nigrifrons* Hope	四川省植烟区	++
77	中华土甲	*Gonocephalum sinicum* Reichardt	攀枝花	++++
78	大灰象	*Sympiezomias velatus* Chevrolat	攀枝花、凉山、泸州、宜宾、广元、达州	++
79	绿鳞象甲	*Hypomeces squamosus* Fabricius	攀枝花、凉山、泸州、宜宾、广元、达州	++
80	豆芫菁	*Epicauta gorhami* Marseul	四川省植烟区	++
81	菜粉蝶	*Pierisrapae* Linnaeus	四川省植烟区	+++
82	小菜蛾	*Plutella xyllostella* Linnaeus	四川省植烟区	++
83	棉铃虫	*Helicoverpa armigera* Hubner	四川省植烟区	+

续表

序号	种名	学　名	分　布	危害程度
84	烟青虫	*Heliothis assulta* Gwenee	四川省植烟区	++++
85	白薯天蛾	*Herse convolvuli* Linnaeus	四川省植烟区	+
86	甘薯天蛾	*Agrius convolvuli* Linnaeus	四川省植烟区	++
87	斜纹夜蛾	*Prodenia litura* Fabricius	四川省植烟区	++++
88	烟草潜叶蛾	*Phthorimaea operculella* Zeller	四川省植烟区	++
89	甘蓝夜蛾	*Mamestra brassicae* Linnaeus	四川省植烟区	+++
90	银纹夜蛾	*Argyrogramma agnate* Staudinger	攀枝花、凉山、泸州、宜宾、广元、德阳	++
91	小地老虎	*Agrotis ypsilon* Rottemberg	四川省植烟区	++++
92	大地老虎	*Agrotis tokicnis* Butler	四川省植烟区	++
93	黄地老虎	*Agrotis segetum* Schiffermuller	四川省植烟区	+
94	八字地老虎	*Amathes c ～ nigrum* Linnaeus	四川省植烟区	++
95	黏虫	*Mythimna separatea* Walker	四川省植烟区	++
96	烟蛀茎蛾	*Scrobipalpa heliopa* Lower	攀枝花、凉山、泸州、宜宾、广元	++++

续表

序号	种名	学　名	分　布	危害程度
97	红缘灯蛾	*Amsacta lactinea* Cramer	四川省植烟区	++
98	紫切根虫	*Euxoa clerica* Butler	攀枝花、凉山、泸州、宜宾、广元、达州	++
99	斑潜蝇	*Liriomgza huidobrensis* Blanchard	四川省植烟区	+++
100	野蛞蝓	*Agriolimax agrestis* Linnaeus	泸州、宜宾	++++
101	灰巴蜗牛	*Bradybaena ravida* Benson	泸州、宜宾、广元	++
102	东方蜚蠊	*Blatta orientalis*	泸州、广元	++
103	德国小蠊	*Blattlla germanica*	宜宾、广元、达州	++

注：危害程度：++++ 数量多，危害重；+++ 数量次之，危害重；++ 数量较少，危害较轻；+ 数量少，危害轻。

表 1-2　四川烟田烟草生长期害虫天敌名录（2013 ~ 2015 年）

序号	种名	学名	分布	寄主	发生程度
1	中华婪步甲	*Harpalus sinicus* Hope	四川省植烟区	斜纹夜蛾	++
2	七星瓢虫	*Coccinella septempunctata* Linnaeus	四川省植烟区	烟蚜	++++
3	十二星瓢虫	*Henosepilachna pusillanima* Linnaeus	四川省植烟区	烟蚜	++
4	异色瓢虫	*Harmonia axyridis* Pallas	四川省植烟区	烟蚜	+++

续表

序号	种名	学名	分布	寄主	发生程度
5	大红瓢虫	*Rodolia rufopilosa* Mulsant	攀枝花、凉山、德阳	烟蚜	+++
6	大草蛉	*Chrysopa pallens* Rambur	四川省植烟区	烟蚜、烟青虫	+++
7	中华草蛉	*Chrysoperla sinica* Tjeder	四川省植烟区	烟蚜	+++
8	黑带食蚜蝇	*Episyrphus balteata* De Geer	四川省植烟区	烟蚜	+++
9	野食蚜蝇	*Syrphus torvus* Osten-Sack	攀枝花、凉山、泸州、宜宾、达州、德阳	烟蚜	++
10	斜纹夜蛾盾脸姬蜂	*Metopius rufus browni* Ashmead	泸州、宜宾、德阳	斜纹夜蛾	+++
11	烟草蚜茧蜂	*Aphidius gifuensis* Ashmead	四川省植烟区	烟蚜	+++
12	菜蚜茧蜂	*Diaeretiella rapae* M′ Intosh	攀枝花、凉山、泸州、宜宾、达州、德阳	烟蚜	+
13	黍蚜茧蜂	*Ephedrus nacheri* Quilis	四川省植烟区	烟蚜	+
14	中华螳螂	*Paratenodera sinensis* Saussure	四川省植烟区	棉铃虫、烟青虫	+++
15	广腹螳螂	*Hierodula patellifera* Serville	四川省植烟区	棉铃虫、烟青虫	+++
16	巨圆臀大蜓	*Anotogaster sieboldii* Selys	四川省植烟区	烟草害虫	++
17	日本水狼蛛	*Pirata japonicus* Tanaka	攀枝花、凉山、广元、达州、德阳	烟草害虫	++
18	白僵菌	*Beauveria bassiana* Bals Vuill	攀枝花、凉山、泸州、宜宾、广元	烟草害虫	++

注：发生程度：++++ 数量多；+++ 数量次之；++ 数量较少；+ 数量少。

第二节　四川不同植烟区烟田昆虫种类

四川烤烟种植主要分布在攀西（凉山彝族自治州、攀枝花市）、川南（泸州市、宜宾市）、川北（广元市），白肋烟区分布在达州市，晒烟主要分布在德阳市（图 1-1）。烟区地理位置不一、地形变化大、区域生态特点明显，导致不同的植烟区烟田害虫无论是种类、数量、分布、危害和损失上均存在着一定的差异。

一、攀西烟区

分布于凉山彝族自治州、攀枝花市两地，地处四川西南部，川滇高原中部，金沙江下游，与云南接壤，介于东经 100° 15′ ~ 103° 53′，北纬 26° 13′ ~ 29° 27′ 之间。地貌类型以山地为主，占 70%，其次为高原，占 20%，宽谷、台地、盆地和丘陵，占 10%。属于亚热带季风气候区，干湿分明，日温差大，年温差小，年平均气温 16 ~ 17 ℃，北部山地年日照时数在 1 600 ~ 1 800 h，而中南部达到 2 400 ~ 2 600 h。

1. 攀枝花市烟草生态区

攀枝花市烟草生态区害虫种类有 92 种，天敌种类有 18 种，其中烟草蚜虫、小地老虎、斜纹夜蛾、暗黑鳃金龟、铜绿丽金龟和中华土甲等为主要害虫，特别是暗黑鳃金龟，以及中华土甲与中华叩甲为区域性的重要地下害虫，在烟苗移栽期严重发生和危害。

2. 凉山彝族自治州烟草生态区

凉山彝族自治州烟草生态区害虫种类有 88 种，天敌种类有

18 种，其中烟草蚜虫、小地老虎、斜纹夜蛾、暗黑鳃金龟和铜绿丽金龟等为主要害虫，特别是斜纹夜蛾等害虫于烟草团棵至旺长期发生和危害严重。

二、川南烟区

川南烟区分布于宜宾市、泸州市两地，地处四川南部，介于东经 103.6°　36′　~ 106°　23′，北纬 27°　42′　~ 29°　31′ 之间。地貌以低山和丘陵为主。境内呈南高北低半倾斜状，海拔在 247 ~ 1 902 m 之间，属中亚热带湿润季风气候区，年平均气温 16.7 ~ 18 ℃，4 ~ 9 月的月平均日照时数为 130 ~ 230 h。

1. 泸州市烟草生态区

泸州市烟草生态区害虫种类有 83 种，天敌种类有 17 种，其中烟草蚜虫、小地老虎、烟青虫、东方蝼蛄、暗黑鳃金龟、铜绿丽金龟和野蛞蝓等为主要害虫，特别是小地老虎和野蛞蝓在烟苗移栽期严重发生和危害。

2. 宜宾市烟草生态区

宜宾市烟草生态区害虫种类有 81 种，天敌种类有 17 种，其中烟草蚜虫、小地老虎、烟青虫、斜纹夜蛾、暗黑鳃金龟、铜绿丽金龟和野蛞蝓等为主要害虫，特别是野蛞蝓和烟青虫于烟苗期至团棵期严重发生和危害。

三、川北烟区

川北烟区分布于北川的广元市，地处四川盆地北部边缘，属盆周山地，介于东经 104°　36′　~ 106°　45′，北纬 31°　31′　~ 32°　51′ 之间。地貌属山地、丘陵渐次过渡地带，低山、丘陵占幅员的 87.4%，海拔在 900 ~ 1 100 m。属北亚热带季风气候区，年平均气温 14.9 ℃，气温最高在 7 月，月平均气温 24.7 ℃。

广元市烟草生态区

广元市烟草生态区害虫种类有 82 种，天敌种类有 15 种，其中烟草蚜虫、小地老虎、烟青虫、暗黑鳃金龟、铜绿丽金龟、潜叶蛾和绿盲蝽等为主要害虫，特别是绿盲蝽和潜叶蛾在烟草成熟期严重发生和危害。

四、白肋烟区

白肋烟区分布于川东的达州市，地处四川东部大巴山南麓，介于东经 106° 45′ ~ 108° 52′，北纬 30° 2′ ~ 32° 4′之间。以低山、高丘地形地貌为主，海拔在 500 ~ 1 200 m。属亚热带季风气候区，年平均气温 14.7 ~ 17.3 ℃，≥ 0 ℃积温 6 074.2 ℃，≥ 10 ℃积温 5 231.3 ℃。

达州市白肋烟生态区

达州市白肋烟生态区害虫种类有 76 种，天敌种类有 17 种，其中烟草蚜虫、小地老虎、烟青虫、暗黑鳃金龟、铜绿丽金、潜叶蛾和绿盲蝽等为主要害虫，特别是小地老虎在烟苗移栽期严重发生和危害。

五、晒烟产区

晒烟产区分布于川东的德阳市，地处四川盆地成都平原东北部，介于东经 103° 45′ ~ 105° 15′，北纬 30° 31′ ~ 31° 42′之间。属亚热带湿润季风区，年平均气温 15 ~ 17 ℃，年平均日照时数 1 000 ~ 1 300 h，日平均气温终年高于 0 ℃。

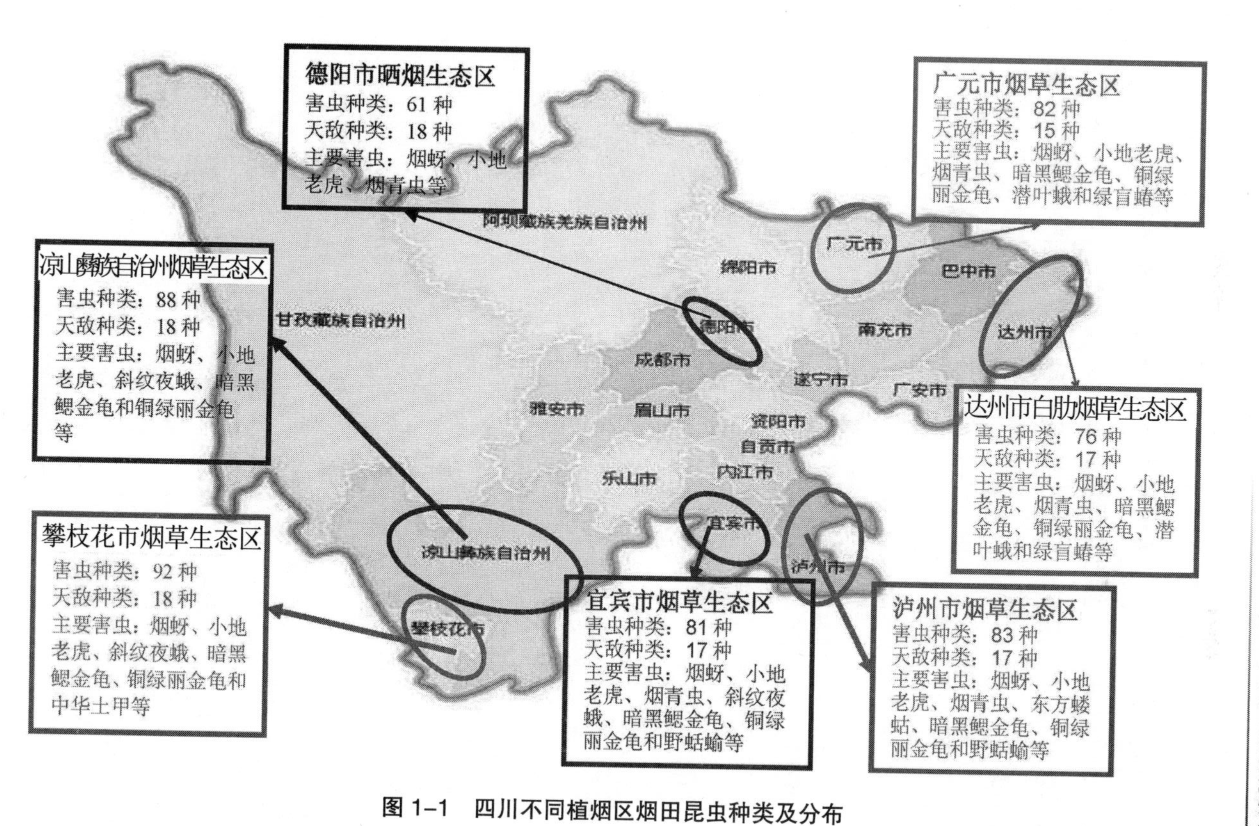

图 1-1　四川不同植烟区烟田昆虫种类及分布

德阳市晒烟生态区

德阳市晒烟生态区害虫种类有 61 种，天敌种类有 18 种，其中烟草蚜虫、小地老虎和烟青虫为主要害虫。该区为典型的水旱轮作烟区，烟草地下害虫表现出种类少、危害轻、烟草损失小的特点。

第二章　四川烟田昆虫群落及其动态

烟草的次生性代谢产物尼古丁是一种对许多昆虫有毒的物质，在生产上，它也常被用作杀虫剂控制害虫。由于这种物质的存在，使一些不具备降解这种物质之生化基础的植食性昆虫及其他动物不能依赖烟草完成其生长发育过程，但也有一些昆虫在长期的协同进化过程中，与这种次生性物质形成特殊的关系，这些植食性种群及以这些种群为食物资源的天敌（捕食性天敌、寄生性天敌）和起分解作用的生物构成了烟田昆虫群落。

在烟田昆虫群落中，天敌对植食性昆虫种群的捕食与寄生作用，常常造成植食者个体的大量死亡，在害虫种群的数量控制中起到重要作用。因此，烟田昆虫群落的种类调查与各种群数量分布情况的研究，有助于了解烟田昆虫资源，主要是其中的天敌资源，为合理利用这些资源提供依据，这是烟草上有害生物数量管理的基础工作之一。同时，从群落种类组成及数量比例角度，也可以反映出有害生物种群数量动态的信息，为有害生物综合治理技术的推广应用提供理论依据。

第一节　四川烟田昆虫群落结构

在开展并初步查清四川省各植烟区烟草生长期害虫和天敌

种群的同时，开展的烟草不同生育区地上部分昆虫群落结构的研究，结果显示四川烟田昆虫种群和群落结构是随烟草生育期变化而变化，在任何一个特定的烟田生态环境内，各种昆虫与烟草营养条件以及食物网络（害虫与天敌）都是有极为密切的关系，其中烟草是最基本的食物资源（表2–1、表2–2）。从烟草苗期到成熟期，烟田昆虫种群数量由少到多，群落结构由简单到复杂，突显了烟田生态系统也较为复杂，即单一的食物链是没有的。许多昆虫取食对象本来就不单一，如烟青虫主要取食烟草，又要危害辣椒等植物。如有的昆虫既能食植物又可以食动物，还有许多昆虫成虫或幼虫取食不同食物，如寄生蜂成虫取食花粉，而幼虫又是肉食者，构成了极为复杂的烟田食物网络。

衡量昆虫群落结构的标准，一般用群落的多样性和稳定性两个指标来定。群落多样性是群落生态组织水平的特有的特征，而群落的稳定性又是群落在一个时段过程中维持物种间相互组合及各物种数量关系的能力。昆虫在一生的生长发育（生活史）过程中，不断受到环境（气候条件、植物营养、植食者和捕食／寄生者）、人为（农事操作，包括打杈、除草、病害防治）等影响，引起群落的变化（数量组成），群落结构的组成，动态是必然的，而静止是相对的，一个群落的特征是经常地在变化，即“演替”。昆虫群落的“演替”过程，是受到一个艰难的长期的自然选择过程，而初级群落一旦形成后，就不断地繁衍，扩展，并开始种间竞争。经过相当一个时段，就可形成一个稳定的状态。

四川烟田昆虫群落结构脆弱，即昆虫群落多样性（PIE）和稳定性（V）较低，究其原因：一是群落内部因素，二是环境因素。①群落内部因素——害虫优势种群突出：群落内部结构单一化；蚜虫分别占（返苗→团棵；团棵→旺长；旺长→成熟期和全生育）害虫总数的82.119%，61.65%，31.54%和42.47%；夜蛾类（*Heliothis assccltq. H.armigera.prmdenia eiturte*）和蛞蝓类（*Derocera agnieliman. Ariolimanc aqriestis*）分别占14.6%和15.18%；天敌数量又比较少，不足以控制害虫的发生；天敌的数量分别占各生物害虫总数的0.56%、2.12%、22.93%和22.75%，其中蜘蛛类占8.76%（主要在近地面活动）。②群落外部因素：烟草整个生育期较短，从移栽到采收一般仅5个月左右，在这个过程中难以建立一个较稳定的生态系统，加之在烟草整个生长过程中又受到人为的干扰（施药、除草、打杈等），就会降低多样性，所以烟田内昆虫群落对抗干扰能力就差。四川烟田除西南地区，在其他烟区，烟草采收后，又种植其他作物，这样就加速了群落的不稳定性。

因此，作者认为烟草害虫的防治策略应为：适时引进、释放和保护烟区有益天敌种群数量，控制优势种数量（释放蚜茧蜂控制蚜虫种群数量）和采取综合措施（黄板诱蚜、灯光诱杀）等控制害虫总体数量，保持烟田昆虫群落一个合理的水平（PIE指数在0.9左右）。

表 2-1　四川烟田烟草各生育期昆虫群落组成表（宜宾古蔺 2014 年）

生育期 / 月份 / 昆虫种类	返苗期→团棵初期				团棵期→旺长初期				旺长期→成熟期			
	4 月下旬	5 月上旬	5 月中旬	5 月下旬	6 月上旬	6 月中旬	6 月下旬	7 月上旬	7 月中旬	7 月下旬	8 月上旬	8 月下旬
短额负蝗 *Atractomorpha sinensis* Bolivar									0.272 8	0.454 6	0.091	0.181 7
棉蝗 *Chondracris rosea rosea* De Geer					0.112 6	0.176 4	0.058 8	0.058 8	0.117 7	0.176 5	0.235 3	0.058 7
中华稻蝗 *Oxya chinensis* Thunberg									0.166 7	0.166 7	0.333	0.333
大青叶蝉 *Cicadella viridis* Linnaeus					0.045 8	0.082 6	0.100 9	0.119 3	0.128 3	0.156 0	0.192 7	0.174 3
小绿叶蝉 *Empoasca vitis* Gothe					0.573	0.099	0.109 3	0.171 9	0.244 8	0.265 6	0.036 5	0.015 6
二点叶蝉 *Cicadulina bipunctella* Mats					0.046 5	0.046 5	0.116 2	0.162 8	0.209 3	0.162 8	0.186 0	0.069 8

续表

生育期 / 月份 / 昆虫种类	返苗期→团棵初期				团棵期→旺长初期				旺长期→成熟期			
	4月下旬	5月上旬	5月中旬	5月下旬	6月上旬	6月中旬	6月下旬	7月上旬	7月中旬	7月下旬	8月上旬	8月下旬
稻沫蝉 *Callitettix versicolor* Fabricius									0.132 5	0.180 7	0.277 2	0.409 6
烟粉虱 *Bemisia tabacI* Gennadius			0.032 3	0.158 2	0.056 1	0.091 8	0.120 7	0.137 8	0.158 2	0.091 8	0.083 3	0.069 7
温室粉虱 *Trialeurodes vapotariorum* Westsood				0.003 9	0.002 5	0.017 3	0.019 5	0.280 5	0.795 4	0.218 3	0.206 9	0.195 4
稻绿蝽 *Nezara viridula* Linnaeus				0.082 2	0.095 9	0.123 3	0.150 7	0.287 7	0.260 3			
烟盲蝽 *Cyrtopeltistenuis* Reuter			0.020 0	0.025 0	0.045 0	0.065 0	0.085 0	0.105 0	0.165 0	0.370 0	0.075 0	0.045 0
花蓟马 *Frankliniella intonsa* Trybom			0.173 3	0.186 7	0.200 0	0.146 7	0.166 6	0.133 3				
烟蓟马 *Thrips tabaci* Lindeman			0.031 7	0.041 6	0.065 3	0.097	0.156 4	0.184 2	0.225 7	0.148 3	0.049 5	

续表

昆虫种类 \ 生育期 / 月份	返苗期→团棵初期				团棵期→旺长初期				旺长期→成熟期			
	4月下旬	5月上旬	5月中旬	5月下旬	6月上旬	6月中旬	6月下旬	7月上旬	7月中旬	7月下旬	8月上旬	8月下旬
茄二十八星瓢虫 *Epilachna vigintiocto punctata* Fabricius				0.110 9	0.119 3	0.220 2	0.229 4	0.146 8	0.174 3			
烟蛀茎蛾 *Scrobipalpa heliopa* Lower					0.005 11	0.008 8	0.034 9	0.048 8	0.099 1	0.181 9	0.285 1	0.334 4
烟草潜叶蛾 *Phthorimaea operculella* Zeller					0.006 3	0.011 0	0.024 6	0.064 5	0.105 0	0.158 4	0.299 8	0.332 4
烟草夜蛾 *Heliothis assulta* Guenee						0.028 4	0.077 5	0.126 6	0.250 6	0.206 7	0.204 1	0.082 6
棉铃虫 *Helicoverpa armigera* Hubner						0.022 1	0.036 9	0.041 8	0.135 1	0.258 0	0.277 6	0.228 5
小地老虎 *Agrotis ypsilon* Rottemberg	0.147 1	0.088 3	0.264 7	0.500 0								
大地老虎 *Agrotis tokionis* Butler	0.391 3	0.344 3	0.313 04	0.173 9								

续表

昆虫种类 \ 生育期	返苗期→团棵初期				团棵期→旺长初期				旺长期→成熟期			
月份	4月下旬	5月上旬	5月中旬	5月下旬	6月上旬	6月中旬	6月下旬	7月上旬	7月中旬	7月下旬	8月上旬	8月下旬
黄地老虎 *Agrotis segetum* Schiffermuller	0.411 8	0.294 1	0.116 5	0.117 6								
紫切根虫 *Euxoa clerica* Butler	0.083 3	0.252 0	0.333 3	0.416 7								
八字地老虎 *Amathes cnigrum* Linnaeus	0.190 5	0.333 0	0.333 0	0.190 5								
甘蓝夜蛾 *Mamestra brassicae* Linnaeus				0.028 4	0.152 9	0.207 8	0.223 5	0.278 4	0.054 9			
银纹夜蛾 *Argyrogramma agnata* Staudinger				0.017 1	0.064 8	0.116 3	0.174 2	0.269 3	0.317 4	0.078 5		
斜纹夜蛾 *Prodenia litura* Fabricius				0.018 8	0.032 3	0.053 4	0.078 1	0.103 8	0.210 5	0.232 2	0.192 7	0.078 1
野蛞蝓 *Agriolimax agrestis* Linnaeus								0.029 1	0.112 4	0.235 8	0.292 7	0.321 0

续表

生育期 / 月份 / 昆虫种类	返苗期→团棵初期				团棵期→旺长初期				旺长期→成熟期			
	4月下旬	5月上旬	5月中旬	5月下旬	6月上旬	6月中旬	6月下旬	7月上旬	7月中旬	7月下旬	8月上旬	8月下旬
烟蚜 *Myzus persicae* Sulzer	0.030 4	0.045 6	0.069 1	0.101 2	0.095 2	0.080 8	0.115 5	0.160 2	0.191 4	0.148 5	0.079 9	0.046 6
中华螳螂 *Paratenodera sinensis* （Saussure）					0.035 7	0.107 1	0.178 6	0.250 0	0.107 1	0.142 9	0.178 6	
广腹螳螂 *Hierodula patellifera* Serville						0.166 7	0.166 7	0.166 7	0.166 7		0.333 3	
斜纹夜蛾盾脸姬蜂 *Metopius rufus browni* Ashmead							0.107 7	0.168 2	0.200 0	0.169 2	0.200 0	0.153 8
黍蚜茧蜂 *Ephedrus nacheri* Quilis						0.142 9	0.085 7	0.142 9	0.085 7	0.200 0	0.142 9	0.200 0
桃蚜茧蜂 *Ephedrus persicae* Froggatt				0.032 1	0.080 9	0.039 6	0.068 6	0.066 9	0.081 8	0.085 7	0.116 9	0.427 4
菜蚜茧蜂 *Diaeretiella rapae* M&Intosh					0.078 9	0.078 9	0.131 6	0.184 2	0.078 9	0.236 8	0.078 9	0.131 6

续表

昆虫种类 \ 生育期	返苗期→团棵初期				团棵期→旺长初期				旺长期→成熟期			
月份	4月下旬	5月上旬	5月中旬	5月下旬	6月上旬	6月中旬	6月下旬	7月上旬	7月中旬	7月下旬	8月上旬	8月下旬
七星瓢虫 *Coccinella septempunctata* Linnaeus					0.135 1	0.081 1	0.108 1	0.627 0	0.081 0	0.189 2	0.243 2	0.1351
异色瓢虫 *Harmonia axyridis* Pallas					0.179 5	0.230 8	0.076 9	0.179 5	0.128 2	0.076 9	0.128 2	
大红瓢虫 *Rodolia rufopilosa* Mulsant					0.166 7	0.083 3	0.1250	0.166 7	0.208 3	0.250 0		
中华草蛉 *Chrysoperla sinica* Tjeder					0.047 6	0.079 4	0.047 6	0.111 1	0.142 9	0.206 3	0.174 6	0.190 4
大草蛉 *Sympetrum* Croceolum					0.035 3	0.082 4	0.105 9	0.129 4	0.129 4	0.164 7	0.200 0	0.152 9
黑带食蚜蝇 *Episyrphus balteata* De Geer			0.009 6	0.027 0	0.063 1	0.081 0	0.099 1	0.108 1	0.112 1	0.135 1	0.171 2	0.189 2
野食蚜蝇 *Syrphus torvus* Osten-Sacken					0.111 1	0.185 2	0.333 3	0.111 1	0.037 0	0.074 0	0.111 1	0.037 0

表 2-2　四川烟田昆虫群落结构表

群落结构＼生育期	返苗期→团棵期初	团棵期→旺长期初	旺长期→成熟期	全生育期
种群（S）	33	118	108	122
总个体数（N）	5 733	223 92	508 26	789 51
多样性指数（PIE）	0.411 5	0.533 7	0.610 9	0.701 4
均匀度（V）	0.423 5	0.563 9	0.634 7	0.723 5

第二节　四川烟田昆虫群落金龟子亚群落发生动态

在攀枝花市植烟区，金龟子发生呈现种类多、分布广、危害重的特点，使金龟子亚群落在烟田昆虫群落中的作用较为突出，这是由攀枝花市独特的自然条件导致。

一、金龟子亚群落中的金龟子种类

通过人工采集和灯光诱集，已鉴定出攀枝花市烟田金龟子种类 25 种，属 2 科，其中鳃金龟科 *Mecolonrhiae* 为 12 种，丽金龟科 *Rutelidae* 为 13 种。另外，暗黑鳃金龟 *Holotrichia parallela* Motschulsky 和铜绿丽金龟 *Anomala corpulenta* Motschulsky 个体数量最多，分别占总体样本数的 26.56 % 和 22.96 %，为金龟子亚群落中的优势种群（表 2-3）。

表 2–3 攀枝花市烟田金龟子亚群落种类及数量分布

种 类	数量分布			
	米易烟区（%）	盐边烟区（%）	仁和烟区（%）	合计（头）
铜黑丽金龟 *Anomala antique* Gyll-enhal	38.55	34.94	26.51	83
铜绿丽金龟 *Anomala corpulenta* Motschulsky	34.01	33.71	32.28	985
大绿丽金龟 *Amomala cuprea* Hope	39.39	41.92	18.69	198
甘蔗翼翅丽金龟 *Anomalaexpansa* Bates	79.55	0.00	20.45	308
苹绿丽金龟 *Anomalasieversi* Heyden	36.96	35.51	27.54	138
淡铜异丽金龟 *Anomalarufocuprea* Mostchulslxy	41.90	39.05	19.05	105
多色异丽金龟 *Anomalasmaragdinagdina* Ohuse	100.00	0.00	0.00	53
黄褐丽金龟 *Anomala exoleta* Faldermann	34.75	35.59	29.66	118
翠绿异丽金龟 *Anomala millestriga* Bates	33.88	34.71	31.40	121
亮绿丽金龟 *Mimela dehaani*	40.00	33.33	26.67	75
中华弧丽金龟 *Popillia quadri uttata* Fabricius	60.00	40.00	0.00	45
无斑弧丽金龟 *Popillia mutans* Newman	29.69	20.31	50.00	41
苹毛丽金龟 *Proagopertha lucidula* Faidermann	40.00	60.00	0.00	35

续表

种 类	数量分布			
	米易烟区（%）	盐边烟区（%）	仁和烟区（%）	合计（头）
暗黑鳃金龟 *Holotrichia parallela* Motschulsky	35.99	35.13	28.88	1 153
铝灰鳃金龟 *Holotrichia plumbes* Hope	37.14	34.69	28.16	245
华脊鳃金龟 *Holitrichia sinensis* Hope	56.10	43.90	0.00	41
等脊鳃金龟 *H.pledina aequabilis* Bates	0.00	100.00	0.00	51
叉胸突鳃金龟 *Hoplosternus insigris* Semenov	35.85	33.96	30.19	53
灰胸突鳃金龟 *Hoplosternus incanus* Motschulsky	33.33	38.89	27.78	54
小黄鳃金龟 *Meabolus flacescens* Brenske	56.10	43.90	0.00	41
玛绒绢金龟 *Serica aureola*	59.52	40.48	0.00	42
云斑鳃金龟 *Polyphylla laticollis* Lewis	70.67	29.33	0.00	75
黑绒金龟 *Serica orientalis*，*Maladera orientalis*	76.39	23.61	0.00	72
金黄绢金龟 *Serica aureola*	100.00	0.00	0.00	113
条索鳃金龟 *Sophrops* Fairmaire	61.64	38.36	0.00	73

二、金龟子成虫发生动态

通过黑光灯诱集到的金龟子成虫种类主要有9种，种群数量达5 758头，其中暗黑鳃金龟种群数量最多，为2 082头，占36.16 %，铜绿丽金龟种群数量为1 869头，占32.46%，其次为铝灰鳃金龟，种群数量为928头，占4.05 %（表2–4）。金龟子成虫在烟田的种群数量呈现“单峰型”的消长动态，即5月下旬开始出土，6月初上旬初见成虫，6月中旬（6月12 ~ 19日）为成虫盛发，6月下旬（6月21 ~ 30日）成虫达到发生高峰（图2–1）。

金龟子成虫在烟田的出土有“隔日出土”的习性（图2–2）。

表 2-4　攀枝花市烟田金龟子成虫的数量动态（2013 ~ 2015 年）

日期 \ 名称 头	暗黑鳃金龟	铜绿丽金龟	铝灰鳃金龟	黑绒金龟	灰胸突鳃金龟	云斑鳃金龟	甘蔗丽金龟	中华弧丽金龟	铜黑丽金龟	合计
6月5日	7	5	5	0	0	0	1	0	0	18
6月6日	11	7	12	5	0	0	5	0	0	40
6月7日	5	3	7	1	0	0	0	0	1	17
6月8日	19	10	9	6	2	0	6	6	0	58
6月9日	7	7	4	4	2	1	1	0	1	27
6月10日	25	21	8	10	3	2	8	5	2	84
6月11日	14	13	0	1	1	0	2	0	0	31
6月12日	75	54	15	5	4	2	10	4	2	171
6月13日	15	14	17	3	2	1	1	1	1	55
6月14日	81	78	22	9	6	4	4	7	4	215
6月15日	19	17	15	1	7	0	0	0	1	60
6月16日	94	85	21	2	11	4	6	2	5	230
6月17日	21	19	1	4	1	1	1	0	2	50
6月18日	105	97	85	11	12	8	5	1	1	325
6月19日	25	21	15	2	1	1	0	1	1	67
6月20日	135	105	95	17	15	17	0	1	1	386

续表

日期＼名称＼头	暗黑鳃金龟	铜绿丽金龟	铅灰鳃金龟	黑绒金龟	灰胸突鳃金龟	云斑鳃金龟	甘蔗丽金龟	中华弧丽金龟	铜黑丽金龟	合计
6月21日	45	35	11	5	4	5	0	3	3	111
6月22日	144	135	55	22	21	19	2	0	0	398
6月23日	51	41	13	8	7	6	8	4	4	142
6月24日	289	255	11	45	41	35	1	0	0	677
6月25日	57	55	31	13	12	11	4	0	1	184
6月26日	295	215	95	35	31	28	1	0	0	700
6月27日	55	51	11	7	6	5	21	0	2	158
6月28日	201	191	75	26	24	21	1	1	0	540
6月29日	47	41	35	5	4	3	9	2	0	146
6月30日	125	135	85	20	19	18	1	1	0	404
7月1日	21	19	11	2	1	1	5	4	0	64
7月2日	83	71	45	0	0	0	0	1	0	200
7月3日	11	9	1	0	0	0	0	3	0	24
合计	2 082	1 809	820	269	237	193	103	47	32	5 582

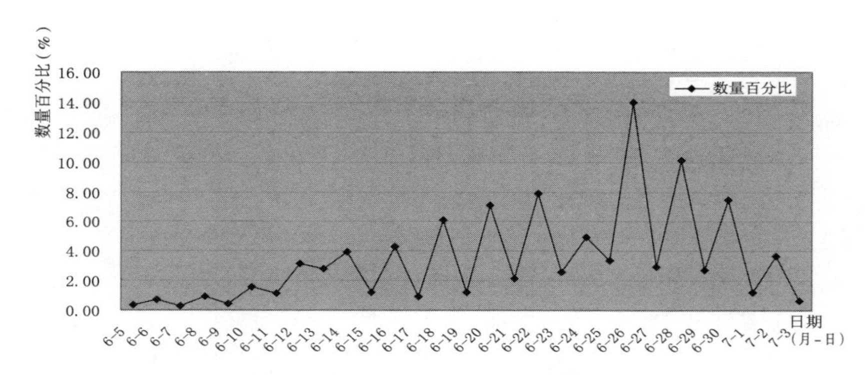

图 2-1　攀枝花市烟田金龟子成虫种群数量消长动态

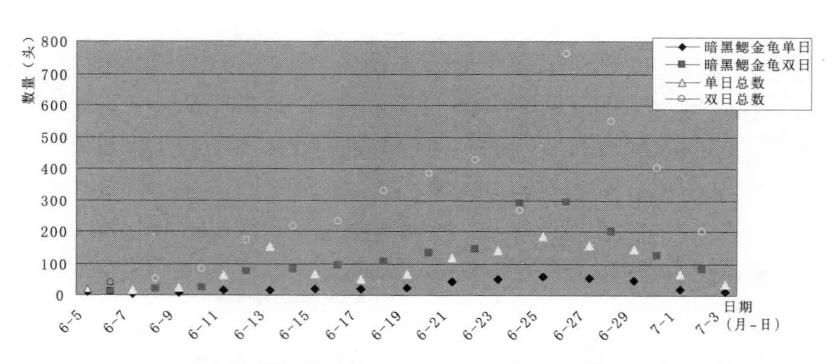

图 2-2　攀枝花市烟田金龟子成虫单双日隔日出土数量情况

三、金龟子幼虫发生动态

烟田金龟子的卵 6 月下旬初见，7 月 15 日卵量开始上升，7 月中旬达到田间卵量高峰，一直持续到 8 月中旬。幼虫在烟田的种群数量呈“单峰型”的消长动态，即幼虫 7 月上旬初见，但数量少，7 月下旬大量出现幼虫，到 8 月下旬三龄幼虫数量达最高峰（表 2–5、图 2–3）。

表 2-5　攀枝花市烟田金龟子卵和幼虫数量消长动态（2013 ~ 2015 年）

时间	调查点数	卵数（粒）	幼虫数量（头）			
			一龄	二龄	三龄	合计
6 月 15 日	105	0	0	0	0	0
6 月 20 日	115	0	0	0	0	0
6 月 25 日	105	15	0	0	0	0
6 月 30 日	125	57	4	0	0	4
7 月 5 日	140	78	10	1	0	11
7 月 10 日	130	97	11	5	0	16
7 月 15 日	150	235	35	48	10	93
7 月 20 日	130	295	195	135	45	375
7 月 25 日	120	315	253	120	85	458
7 月 30 日	130	275	275	135	115	525
8 月 4 日	140	201	415	275	95	785
8 月 9 日	130	95	135	415	175	725
8 月 14 日	110	5	95	405	351	851
8 月 19 日	130	0	25	455	395	875
8 月 24 日	110	0	15	345	551	911
8 月 29 日	105	0	0	153	155	308
合计	1 975	1 668	1 468	2 492	1 977	5 937

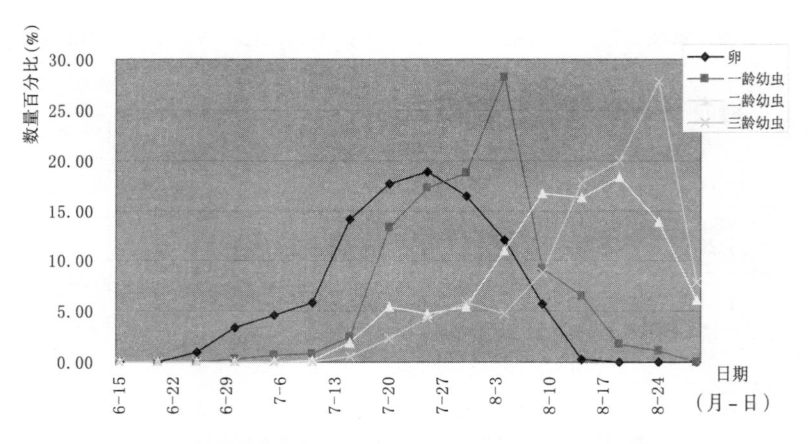

图 2-3　攀枝花市烟田金龟子卵和各龄幼虫数量百分比

第三节　不同防治措施对烟田昆虫群落结构的影响

通过在宜宾市筠连县高坪乡、攀枝花市米易县普威镇和凉山彝族自治州冕宁县回龙镇烟区设置烟草害虫绿色防控烟田（生态调控＋物理技术＋生物防治＋科学用药）、化学防控烟田（纯化学农药防治）和自然防控烟田（只依靠烟田自然天敌和人为控制作用，必要时采取化学农药等防控措施）的三种防治措施的烟田，在每年烟草生育期从烟草生长期和害虫越冬期定烟田、定烟株和定时的系统调查，将调查得到的烟草害虫种类与数量，采用生物多样性定量分析，表明不同防治措施对烟田昆虫群落结构有较大的影响，防治措施是影响昆虫群落演替的主要因子；绿色防控技术是保持烟田昆虫群落多样性和稳定烟田群落结构的主要措施（表 2-6）。

表 2-6　不同防治措施下四川烟区烟田昆虫群落结构的特征值（2015 年）

群落参数	不同防治措施烟田		
	绿色防控烟田	化学防控烟田	自然调控烟田
优势度（N）	0.324 8	0.615 5	0.187 9
丰富度（S）	39	23	52
多样性（PIE）	0.743 9	0.498 3	0.815 8
均匀度（V）	0.794 6	0.693 1	0.826 4
样本总数（N）	9 335	113 47	19 318

1. **自然调控烟田的昆虫群落结构**

自然调控烟田的昆虫群落结构相对稳定，其多样性（PIE）、均匀度（V）、丰富度（S）和昆虫样本总数（N）数量最大，分别为 0.815 8、0.826 4、52 和 19 318，优势度（C）最小，仅为 0.187 9。然而，在烟田烟草蚜虫、烟青虫等害虫严重发生，且烟田受害严重，说明仅仅依靠烟田内的蚜茧蜂、异色瓢虫等自然天敌来控制害虫的危害是不可能的。

2. **化学防控烟田的昆虫群落结构**

化学防控烟田的昆虫群落结构极不稳定，其多样性（PIE）、均匀度（V）、丰富度（S）和昆虫样本总数（N）数量最大，分别各 0.498 3、0.693 1、23 和 11 347，优势度（C）最大，仅为 0.615 5。即由于单纯施用化学农药，对烟田害虫的防治起到了较好的控制作用，但同时杀伤了大量的天敌，造成烟田中的害虫，特别是烟草蚜虫等主要害虫抗性增强，再增猖獗，在烟田内则呈现出分布不均匀的严重发生和危害。

3. **绿色防控烟田昆虫群落结构**

绿色防控烟田昆虫群落结构最稳定，其多样性（PIE）、均匀度（V）、丰富度（S）和昆虫样本总数（N）数量最大，分别各 0.743 9、0.794 6、39 和 9 335，优势度（C）最大，仅为 0.324 8。但样本数最小，为 9 335，即由于实施了“三诱技术”、释放了烟草蚜虫茧蜂、赤眼蜂以及科学用药等绿色防控技术，烟田内的害虫数量低（比化学防控烟田少 20% 以上），天敌数量多（比化学防控烟田多 50% 以上），使烟田的益、害虫的种群数量处于低密度的平衡，有效控制了害虫的危害。

第四节　四川烟田昆虫种群的数量动态

种群数量动态是昆虫种群动态的核心，昆虫种群数量动态是指种群在一定环境条件下，种内、种间斗争的结果，这种斗争受外界条件的影响，并通过种群内在的遗传特征起作用。在有利于种群发展的因素下，种群繁衍速度加快，种群数量增强。反之，繁衍能力减弱，死亡率增加。表征昆虫种群动态，一般常用出生率、死亡率、内在（内禀）增长率等指标。作者于 2010 年起在攀枝花市和成都市对烟田地下害虫——暗黑鳃金龟的种群数量动态进行了研究。其研究成果表明：在攀枝花市烟田区采集到的暗黑鳃金龟（*Holotrichia parallela* Motschulsky）成虫，在四川省农科院植保所昆虫实验室进行配对饲养，置于用盆栽桑树作饲料，底部覆有 50 cm 深细沙土的 1.5 m×1.5 m×2.5 m 的饲养笼内，每笼放置成虫 50 对左右，每天观察并移出成虫当日所产卵为供试虫源。将成虫所产卵单头置于内装 50 cm 深厚土的罐头瓶内，瓶口以 8 cm×8 cm 玻璃盖住，幼虫以土豆作为饲料，至成虫羽化。将羽化成虫集中于饲养笼内产卵。每 5 d 观察一次，记载卵孵化数、各虫态死亡数、成虫产卵数等项目。

根据室内自然温度和湿度条件饲养暗黑鳃金龟的资料，组建该虫的特定时间生命期望和特定时间生殖力。生命期望表以着重估算该虫进入各年龄组个体的生命期望或平均数，因只涉及各虫态死亡率的描述，没有考虑年龄特征的繁殖力，因而以各虫态划分时间间隔设计，而生殖力表以着重估算种群内增长率和周限增长率，描述的是某一特定年龄生殖力与死亡率的相互关系，因而以 5 d 作为时间间隔划分设计。表中 x 为时间间隔；l_x 为在 x 期间开始存活的个体数量或概率。d_x 为 x 时间间隔（即 x ～ x+1）死亡个体数量，l_x 为在 x 和 x+1 年龄期间内还存活着的个体数量，L_x=l_x ～ 1/2 d_x；T_x 为 x 年龄至超过 x 年龄的总体数，T_x=ΣL_x；e_x 为进入 x 年龄个体的生命期望或平均数，e_x=T_x/l_x；1 000q_x 为 1 000 个个体在该生命期间开始死的死亡率；M_x 为 x 年龄期间每雌的产雌数，各栏数据均以雌雄性比 1∶0.88，两性个体死亡率相等的条件下计算的（表 2–7、表 2–8）。

表 2–7　暗黑鳃金龟生命期望表

x	l_x	d_x	L_x	T_x	e_x	100%
卵	1 000	10	995.0	3 687.0	3.687 0	10
一龄幼虫	990	161	909.5	2 692.0	2.719 2	162.626 3
二龄幼虫	829	85	786.5	1 783.5	1.338 7	102.533 2
三龄幼虫	744	557	465.5	996.0	2.836 9	748.655 9
蛹	187	8	188.0	530.5	1.941 3	42.780 7
产卵前期	179	3	177.5	347.5	1.341 3	16.759 8
产卵期	176	12	170.0	170.0	0.965 9	68.181 8

表 2-8　暗黑鳃金龟生殖力表

x（5 d）	l_x	m_x	L_xm_x	l_xm_xx	x（5 d）	l_x	mx	L_xm_x	L_xm_xx
0	1.00				77	0.15	1.300	0.195 0	15.015 0
67	0.21				78	0.15	0	0	0
68	0.18	0.200	0.036 0	2.448 0	79	0.14	1.675	0.234 5	18.525 5
69	0.18	0.360	0.064 8	4.471 2	80	0.13	1.585	0.206 1	16.488
70	0.18	1.005	0.181 0	12.670 0	81	0.12	1.380	0.165 6	13.413 6
71	0.18	1.055	0.189 9	13.182 9	82	0.11	1.375	0.151 3	12.406 6
72	0.18	1.250	0.225 0	16.200 0	83	0.07	0	0	0
73	0.17	1.565	0.266 1	19.425 3	84	0.03	0.450	0.013 5	1.134 0
74	0.17	0.945	0.160 7	11.801 8	85	0.01	0.135	0.001 4	0.114 2
75	0.16	0.855	0.136 8	10.260 0					
76	0.16	0	0	0	∑			2.227 7	167.946 7

生命期望表和生殖力表说明：暗黑鳃金龟各年龄阶段的生命期望值（e_x）以卵期为最大（3.687 0），产卵期最小（0.965 9）。各年龄阶段的死亡率以三龄幼虫最大（748.7%），卵期最小（10.1%）；整个世代的净增值率 $R_o=\sum l_xm_x=2.227\ 7$，表示每个个体在经历一个世代后，可产生 2.227 7 个后代，种群数量呈增长趋势，同时还表明从雌成虫产卵后 3 日将雌成虫死亡率与每雌产卵数（以♀：♂ =1：0.88 计）制作出曲线，表明成虫从产第一粒卵到产最后一粒卵，时间为 90 d 左右，平均产卵历时期为 60.425 3±3.032 7 d，成虫产卵数有两个明显的高峰期，成虫死亡率在产卵初期均比较小，到产卵 70 d 后死亡率加大。

世代存活曲线：用威布尔分布理论模型拟合种群存活率曲线的合适模型，当形状参数 $C > 1$ 时，死亡率是年龄的增函数，曲线类型表现为Ⅰ型，当 $C=1$ 时，曲线为 1 的常量，曲线类型为Ⅱ型，当 $C > 1$ 时，死亡率是年龄的降函数，曲线类型表现为Ⅲ型。

利用暗黑鳃金龟世代存活率拟合 Weibull 分布模型为：

$$Sp(t)=exp[-(t/b)^C] \qquad (t、b、c>0)$$

其存活率曲线的性状参数 C 为 2.708 2，大于 1；尺度参数 b 为 4.682 7，存活曲线为Ⅰ型，死亡率为该虫发育年龄的增函数（图 2–5），表明暗黑鳃金龟卵期和一、二龄幼虫期存活率都较高（达 70% 以上），三龄幼虫期死亡率突增，达 55% 以上，这与调查的结果一致，三龄幼虫初期是危害盛期，因此在进行预测和制定防治策略时，必须考虑这一点。（图 2–4、图 2–5）

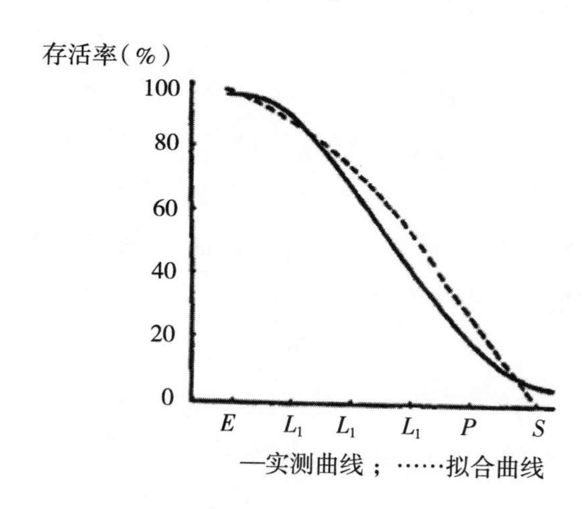

图 2–4　暗黑鳃金龟存活率曲线图

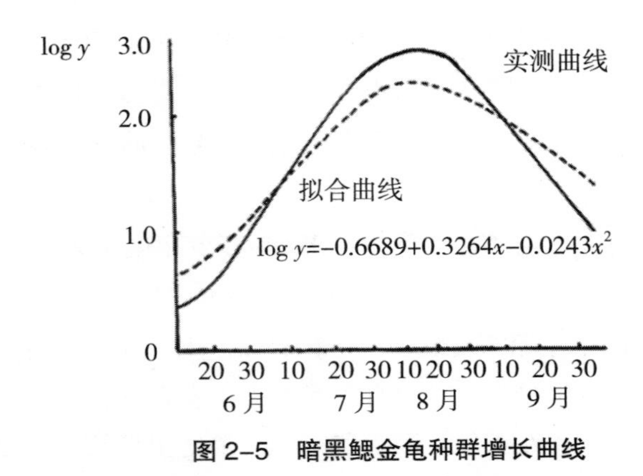

图 2-5 暗黑鳃金龟种群增长曲线

暗黑鳃金龟种群增长过程，实测曲线与拟合曲线表明，暗黑鳃金龟种群数量增长，6 月中旬至 8 月中旬为正加速期，8 月中旬后，种群数量开始降低，至 9 月中旬后，种群数量变动趋于平衡。这主要是该虫产卵开始时间为 6 月中旬，6 月下旬达到产卵盛期，7 月上旬至 7 月底为一、二龄幼虫期，死亡率突增，至 9 月中下旬后，幼虫入土越冬。该拟合曲线与实际调查结果一致。

应用昆虫生命表分析昆虫种群数量动态，是了解害虫种群动态和预测预报的有力工具之一。它的基本特征是按昆虫的年龄阶段（以时间或发育阶段为单位），系统观察并记录昆虫一个完整的世代或几个世代之中年龄阶段的种群初始值，再分别记录或计算出各发育阶段的年龄特征、生育特征、生殖力和各年龄特征死亡率，同时记录各阶段的主要致死因及其造成的死亡数。

组建昆虫生命表中的出生率，分最高出生率和生态或实际出生率，我们说的最高出生率是指在理想条件下（无生态上的条件限制），一头雌虫在理论上的最大生殖率，又称之为恒定的最大出生率。生态或实际出生率是指在自然的环境条件下昆虫种群的增长值，这种增长值随环境条件、种群密度以及组成的变化而变化。昆虫生活的自然条件、环境条件都随时在改变，如天气条件、营养条件、天敌等的影响，其生殖力有一定的限别。本书的暗黑鳃金龟生命表是在室内自然温度条件下组建出来的，比较接近实际。所谓死亡率也有两种：一种是生理死亡，即在适宜的环境条件中生活的昆虫个体达到生理极限上的自然（衰老）而死，这在自然条件下是不太可能的；生态死亡或实际死亡，指昆虫个体因环境条件而不能满足生理上的需求而死，种群数量减少。

第五节　四川烟田昆虫种群的空间动态

种群的空间动态，是指某一种群的个体在生存空间的分布形式。研究种群的空间动态以及种群下的动态状况，可以了解在种群中有无个体群存在（各个虫态在内），分布的基本成分，同时也是抽样技术的理论基础。昆虫种群空间分布型的测定方法，一般用以下指标参数来分析。

①扩散系数（C）：扩散系数是实验种群扩散是否属于随机分布型的一个系数。

$$C=\frac{\sum(x_i-x_i)}{\bar{x}(n-1)}=\frac{S^2}{\bar{x}}$$

式中，x_i—样本的虫数；$\overline{x}$—平均数；S^2—方差；N—抽样数。

若 $C=1$，则认为种群的分布属随机分布；

$C<1$，均匀分布；

$C>1$，聚集分布。

②平均拥挤度（m^*）：在同一样方中，平均每个个体拥有多少个其他个体。

$$m^* = \frac{\sum x_i}{N} = \frac{\sum_{j=1}^{Q} x_j(x_j-1)}{\sum_{j=1}^{Q} x_j}$$

式中，N 为样方（抽样）数，x_i 为第 i 个样方中的个体数。

Tloyd 又定义平均拥挤度与平均 x 度的比值为聚集指标（m^*/m）。

$m^*/m=1$，随机分布

$m^*/m<1$，均匀分布

$m^*/m>1$，聚集分布

③ Iwao（1911 ~ 1972 年）提出的检验分布型的回归方程公式：

$$m^*=\alpha+\beta m$$

当 $\beta=1$，为随机分布

当 $\beta<1$，为均匀分布

当 $\beta>1$，为聚集分布

④用（S^2）与（X）描述种群聚集程度，用 Taylop 的指数公式：

$S^2 = a\overline{x}^b$，式中 a、b 为代估参数，a 表示抽样因素，b 表示的聚集指数。

将上式两端取常对数，则为 $\lg S^2=\lg a+b\lg X$

若 $\lg a=0$（即 $a=1$），$b=1$，种群在一定为随机分布，若 $\lg a>0$（即 $a>1$，$b>1$），种群在一定为聚集分布；若 $\lg a<0$（即 $a>0$）$a<1$，$b<1$，种群密度越高，分布越均匀。

⑤扩散形指数

$$I_\delta = \frac{Q\sum_{i=1}^{Q}[n_i(n_i-1)]}{N(N-1)}$$

当 $I_\delta=1$ 时为随机分布

当 $I_\delta>1$ 时为聚集分布

当 $I_\delta<1$ 时为均匀分布

n_j 为第 j 个样本中的虫口数；N 为总虫口数。

⑥个体群平均大小指数

$$L=1+\overline{X}+\frac{\overline{X}}{K}$$

若 $L/(1+\overline{X})=1$，为 Poisson 分布

若 $L/(1+\overline{X})>1$，为聚集分布

若 $L/(1+\overline{X})<1$，为均匀分布

暗黑鳃金龟（幼虫）在越冬期的空间分布型 6 个聚集指标（表 2-9）。

表 2-9　暗黑鳃金龟（幼虫）越冬期空间分布聚集指标（2012 ~ 2013 年）

样方 \ 指标	$\overline{X}$	I_S	S^2	L	C_A	C	m^*	$m^*/\overline{X}$
50 cm²*（0 ~ 50 cm）	2.333	1.621	5.700	1.441	0.618	2.443	3.776	1.618
	2.457	1.642	6.129	1.540	0.618	2.540	3.952	1.608
	2.383	1.655	5.680	1.487	0.651	2.487	3.770	1.651
	1.471	1.600	2.608	1.155	0.815	1.842	2.570	1.815
150 cm²*（0 ~ 50 cm）	4.646	1.517	15.729	2.386	0.513	3.360	7.030	1.512
	4.641	1.546	16.714	2.553	0.542	3.553	7.256	1.542
	4.566	1.551	15.978	2.499	0.547	3.499	7.065	1.547
	2.887	1.449	6.348	1.252	0.444	2.252	4.170	1.444
200 cm²*（0 ~ 50 cm）	6.880	1.448	29.800	2.060	0.485	4.335	10.218	1.486
	6.333	1.427	27.889	2.359	0.423	3.974	9.009	1.423
	6.853	1.453	27.969	2.222	0.449	4.081	9.931	1.449
	4.134	1.316	9.475	3.198	0.312	2.292	5.425	1.312

表 2–9 列出的暗黑鳃金龟（幼虫越冬期）的 6 个聚集度指标，结果表明了种群样方指标的 C、I_δ、$m^*/\overline{X}$、L 值均大于 1，C_A 大于 0。说明暗黑鳃金龟（幼虫）越冬期的空间分布型为聚集分布。从分布规律看，表中 X 为高密度（$\overline{X}$），低聚集；低密度（$\overline{X}$），高聚集。

利用 Iwao（1911 ~ 1972 年）检验分布型的回归关系拟合，50 cm^2 样方，$m^*=0.645\ 3+1.359\ 3\ \overline{X}$（$P<0.01$），即 $\alpha=0.643\ 5>0$，$\beta=1.359\ 3>1$，表明 50 cm^2×（0 ~ 50 cm）样方 X 计暗黑鳃金龟（幼虫）越冬的分布是以个体群为基本样方，而且个体群间相互吸引的聚集分布；100 cm^2×（0 ~ 50 cm）样方统计：$m^*=-0.385\ 8+1.618\ 3\ \overline{X}$（$P<0.01$），150 cm^2×（0 ~ 50 cm）样方统计 $m^*=-1.410\ 9+1.656\ 8\ \overline{X}$（$P<0.01$），即二样方的 α 值均小于 1，$\beta>1$ 表明二样方的暗黑鳃金龟（幼虫）越冬期的聚集分布，基本成分个体群相互排斥，与 50 cm^2×（0 ~ 50 cm）样方统计结果不同。

利用 Tloyd 的方差（V）与平均密度（$\overline{X}$）幂函数关系拟合：50 cm^2 ×（0 ~ 50 cm）样方 $V=1.499\ 2\ \overline{X}^{1.598\ 2}$（$P<0.01$），三个样方的 a 值均大于 0，b 值均大于 1，结果暗黑鳃金龟（幼虫）越冬期的空间分布型为聚集分布。可见，随样方的变化所统计的结果表现出误差。

为了进一步了解种群空间分布原因，应用理论频次分布的 X^2 检验，以实测频次分布与一定概率型的理论频次分布进一步检验，以确定该种群暗黑鳃金龟（幼虫）越冬期空间分布是否符合该概率型。

Waters（1959 年）认为，当生物种群属于负二项分布时，K 值可以作为评价种群个体聚集的指标，K 值越小，聚集度越高。

Blackith（1961 年）应用 Arbous（1951 年）提出的种群聚集均数（λ）公式：$\lambda = \overline{X}/2K$，$Y$ 来解释昆虫种群分布的原因。（表 2–10）

其中：$\overline{X}$ 为种群均数；K 为负二项分布的参数 $K = \overline{X}^2 / S^2 - \overline{X}$

Y 为自由度为 2 K 时的卡方（X^2）分布函数

当 $\lambda<2$ 时，聚集原因为某些环境因素作用所引起；当 $\lambda>2$ 时，聚集原因可能是种群自身聚集习性或环境因素二者之一引起。

表 2–10　Waters 公式 λ 值测定值

样方	$\overline{X}$	K	X^2	λ
50 cm² ×（0～50 cm）	2.333	1.616	2.540	1.834
	2.412	1.665	2.520	1.942
	2.288	1.534	2.480	1.845
	1.415	1.680	2.680	1.129
50 cm²×（0～50 cm）	4.644	1.945	3.180	3.796
	4.703	1.841	3.050	3.896
	4.566	1.827	3.020	3.774
	2.818	2.249	3.780	2.368
200 cm²×（0～50 cm）	6.873	2.060	3.430	5.722
	7.016	2.359	4.010	5.968
	6.850	2.222	3.770	5.811
	4.133	3.198	5.620	3.632

经三种样方 Waters 公式 λ 值测定值，结果表明 50 cm^2×（0 ~ 50 cm）样方统计 λ 值小于 2，而 100 cm^2×（0 ~ 50 cm）和 150 cm^2×（0 ~ 50 cm）样方统计值均大于 2，X 不同 50 cm^2×（0 ~ 50 cm）样方统计的暗黑鳃金龟（幼虫）越冬期空间分布的原因是某些环境引起，而 100 cm^2×（0 ~ 50 cm）和 150 cm^2×（0 ~ 50 cm）样方统计的暗黑鳃金龟（幼虫）越冬期的分布原因系环境或自身聚集习性二者之一的原因。

一个样本统计量是否是总体参数的无偏估计，不是就个别样本而言，它是多次试验的统计平均。从判别昆虫种群空间分布的几个聚集指标公式看，主要受种群平均密度（$\overline{X}$）的影响。显然，样方大小不同，种群平均密度不同，往往大样方的平均密度大于小样方的平均密度。因此，影响分布型的统计学因素是抽取的样方大小。

表 2-11 三种样方大小的 $\overline{X}$ 和 m*/$\overline{X}$ 差异显著性（SSR 法）

样方大小	平均密度差异显著性（$\overline{X}$）	个体群面积指数差异显著性（m*/$\overline{X}$）
50 cm^2×（0 ~ 50 cm）	aA	A
100 cm^2×（0 ~ 50 cm）	bB	B
150 cm^2×（0 ~ 50 cm）	cB	C

表 2-11 三种样方大小的幼虫种群平均密度（$\overline{X}$）和个体群面积指数（$m*/\overline{X}$）的差异显著性（SSR 测验）。结果表明，三

种样方的平均密度达 0.05 水平的显著差异；个体群面积指数达 0.01 水平的极显著差异。因而可以说明，种群密度受样方大小的影响，进而影响聚集度指标，影响空间分布型。前述 Waters 公式 λ 值测定值，在样方为 50 cm^2×（0 ~ 50 cm）时小于 2，当样方大于 100 cm^2×（0 ~ 50 cm）时大于 2，也看出样方的大小是影响分布型统计学数据的重要因素。因此，要比较精确地反映田间实际虫口密度，比较正确地反映害虫种群的空间格局，必须选定适当大小样方抽样。作者初步认为烟田的暗黑鳃金龟（幼虫）在越冬期应以 50 cm^2×（0 ~ 50 cm）为宜。越冬深度，经作者多年调查，暗黑鳃金龟（幼虫）在烟田越冬期一般在 20 ~ 40 cm 深层的数量最多，因此，从表土挖至 50 cm 深处即可。

第六节　烟田昆虫种群密度的估计

为了正确估计某一种害虫种群在某种生态环境内的总体数量或对某一种寄生危害的程度，比较科学经济的办法就是应用抽样方法。

表 2–12 是作者于 2013 年在攀枝花市于烟草旺长期至烟草下部叶成熟期调查的烟蚜空间分布型。表中利用 m^* ~ m 回归方程式为 $m^*=1.465+1.938\overline{X}$，所得理论抽样数表（$R$=+0.925）。利用 m^* ~ m 回归方程式可以不考虑总体的分布，也可以确定理论抽样数（表 2–13）。

表 2-12　烟蚜在烟草团棵期到成熟期种群聚集指标

	1	2	3	4	5	6	7	8	9	10	11	12	13	14
$\overline{X}$	5.71	4.48	5.24	4.63	4.83	4.10	3.42	2.77	2.96	1.42	0.90	0.63	0.09	0.19
S^2	2.71	32.818	27.023	26.993	24.754	19.378	20.243	11.544	11.661	4.136	3.636	1.618	0.228	0.435
m^*	9.573	10.549	4.392	9.459	9.459	2.826	8.338	8.097	5.899	3.333	3.940	2.189	1.692	1.44
m^*/m	1.677	1.623	1.798	2.041	2.041	1.858	2.439	3.926	1.99	2.347	4.378	3.457	1.710	1.532
L	3.866	4.064	4.157	4.825	4.825	4.128	4.918	5.330	2.939	1.913	3.040	1.556	1.605	1.254
C_A	22.063	26.338	22.358	19.927	19.927	15.278	14.747	5.701	2.716	2.736	0.985	0.139	0.139	0.245

表 2-13　烟蚜不同密度的理论抽样数

$\overline{X}$		0.1	0.2	0.6	0.8	0.9	1.5	2.0	3.0	4.0	5.0	6.0	7.0
精确度	0.1	2 984.50	1 515.50	536.17	413.75	372.921	242.37	193.40	144.93	119.95	125.48	95.47	88.47
	0.2	746.13	378.88	134.04	103.44	93.24	60.59	48.35	36.11	29.99	26.32	23.87	23.12
	0.3	331.61	168.39	59.57	45.97	41.44	26.93	21.49	16.65	13.33	11.70	10.61	9.83
	0.4	186.53	94.22	33.51	25.86	23.31	15.15	12.09	9.03	2.50	6.58	5.97	5.55

第三章　四川烟田主要害虫生物学和生态学特性

第一节　烟　蚜

烟蚜（*Myzus persicae* Sulzer）是世界性分布的危害烟草的重要害虫之一，在四川植烟区普遍发生。烟蚜具有寄主广泛、周年转主危害、发生世代多、繁殖力强、种群数量大、危害时间长、生活习性复杂、防治难度大的特点。烟蚜危害烟株有两种方式：其一是直接刺吸叶片、茎秆、花釉（果）的汁液，导致烟株矮小、生长缓慢、叶片蜷缩、叶小、叶薄。烘烤后烟叶光泽度差，难以回潮，易破碎。在受害的烟株上分泌有大量蜜露，诱发烟煤病，致烟叶变质、腐烂。其二烟蚜还是多种植物病毒的传播者，如传播黄瓜花叶病毒（CMY）、马铃薯Y病毒（PVY）等100多种病毒，其危害所造成的损失更为严重。据作者调查，烟蚜占烟草生长期烟株上害虫总个体数量的52.5%，是四川植烟区烟田主要害虫，也是全年烟草生长期重点防治对象。

作者通过调查攀枝花市米易县普威镇、凉山彝族自治州冕宁县回龙镇、宜宾市筠连县高坪镇、泸州市古蔺县箭竹镇、广元市剑阁县剑阁镇，共5个烟草种植区域。调查烟区周围的果树，包括桃树、杏树、李树、苹果、柑橘、石榴、核桃、荔枝等果树上性蚜、越冬卵、干母、干雌和有翅蚜出现时期。每个调查点选定3个不同种类的果园，每个果园按5点取样，每点2株，共10株。每株在东、南、西、北、中选定3个枝条。自顶向下长（5寸）约16 cm，冬前调查2次（每隔10 ~ 15 d调查1次）、冬后（春天）每5 d调查1次至果树上大量有翅产生。调查十字花科作物（油菜、萝卜、甘蓝），固定5块地，每块地按5点取样，每点定10株（棵），全株调查，每10 d调查1次。每次调查计数有翅蚜和无翅蚜数量。在5个系统调查点，各固定具有代表性的3块烟田，每块按5点取样方法，每点5株，共25株，调查全株叶片，从烟株还苗期至收获期，5 d调查1次，每次按叶位自上而下，计数有翅蚜和无翅蚜数量。在距系统调查地附近（100 m以外），各选1块烟田的东、南、西、北、中各挂设黄色诱集板1块（按常规方法），5 d换板1次，并记录5 d的烟蚜数量。调查烟田不设任何杀虫剂，取得了以下研究结果。

一、烟草蚜虫在四川烟田生态系统中的年生长发育循环规律

烟草蚜虫在四川省植烟区以全周期型和非全周期型两种方式完成生长发育循环（图3-1）。在全周期型类型烟区，烟草蚜虫以孤雌生殖世代与两性生殖世代交替，全年在桃树、油菜、十字花科蔬菜和烟草等作物上转移危害，并在桃树上产卵越冬，完成周年生长发育循环；在非全周期型类型烟区，烟草蚜虫仅行孤雌生殖，不发生性蚜世代，全年在油菜、十字花科蔬菜和烟草作物上转移危害，无明显越冬滞育现象，完成周年

生长发育循环。

1. 四川省植烟区全周期型类型烟草蚜虫年生长发育循环

（1）烟叶成熟收获期（8 ~ 9月）：烟草蚜虫产生有翅蚜迁移到周边的秋播十字花科蔬菜、油菜等作物上。

（2）烟叶收获后（10 ~ 11月）：烟草蚜虫继续在秋播蔬菜、油菜作物上危害，当温度低于10 ℃后，在秋菜和油菜等作物上的烟草蚜虫产生有翅蚜迁移到附近的桃树上，产生性蚜，产卵后越冬。

（3）翌年2 ~ 3月，随着气温的升高，越冬卵孵化后在桃树上危害，并产生有翅蚜迁至周边蔬菜和春播油菜等作物上危害。

（4）4月中下旬，烟苗移栽后，烟草蚜虫产生有翅蚜迁飞至烟草上危害烟苗。

2. 四川省植烟区非全周期型类型烟草蚜虫年生长发育循环

（1）烟叶成熟收获期（8 ~ 9月）：烟草蚜虫产生有翅蚜迁移到周边的秋播十字花科蔬菜、油菜等作物上。

（2）烟叶收获后（10 ~ 11月）：烟草蚜虫反复在秋播十字花科蔬菜、油菜作物上危害，甚至在烟田周边杂草如艾蒿等上转移危害。

（3）翌年2 ~ 3月，随着气温的升高，在十字花科蔬菜、油菜作物和杂草上危害的烟草蚜虫产生有翅蚜迁至周边春播十字花科蔬菜和油菜等作物上危害。

（4）4月中下旬，烟苗移栽后，烟草蚜虫产生有翅蚜迁飞至烟草上危害烟苗。

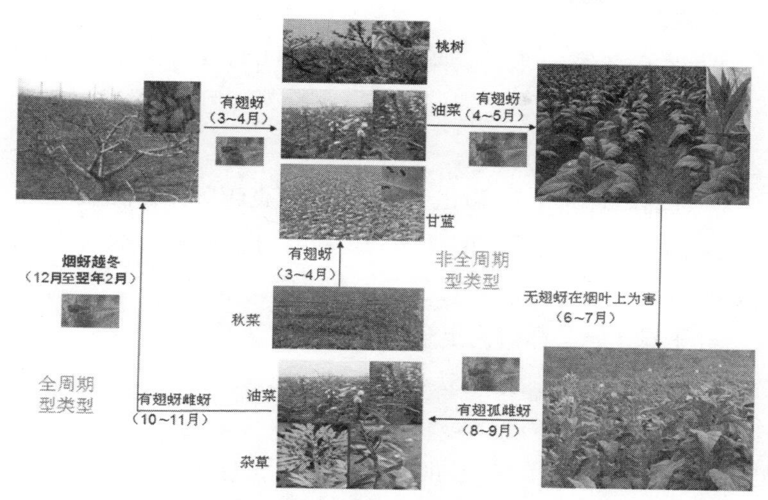

图 3-1　四川植烟区烟草蚜虫年生长发育循环类型：
全周期型和非全周期型示意图

二、烟蚜种群的越冬寄主和动态

烟田周围的桃树、杏树和李树是烟蚜越冬的主要场所，特别是桃树，烟蚜越冬数量占调查总量的93.1%，苹果、柑橘、石榴、核桃和荔枝等果树均未发现有烟蚜越冬。桃树是烟蚜的第一寄主，越冬密度大，经调查桃树63.73%的枝条上都有烟蚜越冬卵。烟蚜在桃树上生活过程中与烟株第二寄主有关的不同类型在四川植烟区出现的时间为：

1. 性母蚜（当侨蚜不适宜中间寄主——烟株时，回迁至桃树上）

泸州、宜宾和广元烟区，分别为11月15 ~ 17日、11月14 ~ 16日、11月17 ~ 20日；攀枝花市和凉山彝族自治州分别为10月19 ~ 23日和10月18 ~ 20日。

2. 性蚜

泸州、宜宾和广元烟株分别为11月4 ~ 6日和10月16 ~ 19日。

3. 越冬卵

在性蚜出现后7 ~ 10 d，田间就能调查越冬卵，但数量少，15 ~ 20日达到高峰期，11月至12月上旬基本调查不到性蚜，全部产卵越冬。

4. 干母（越冬卵孵化出来的蚜虫）

一般在越冬卵出现的5 ~ 10 d。

5. 有翅蚜

泸州、宜宾和广元烟区分别为3月23 ~ 28日、3月27 ~ 29日和3月26 ~ 31日，高峰期分别为4月18 ~ 22日、4月16 ~ 20日和4月26 ~ 29日；攀枝花市和凉山彝族自治州烟区分别为4月5 ~ 8日和4月6 ~ 10日，高峰期分别为4月20 ~ 25日和4月18 ~ 23日。

十字花科作物经调查，在四川烟区烟田周边的萝卜和甘蓝共有3种蚜虫寄生，分别是烟蚜 *Myzus persicae* Sulzer、萝卜蚜 *Lipaphis erysimi* Kabltenbach 和甘蓝蚜 *Brevicorgne bransica* Linneaus，冬季以萝卜蚜种群数量最大，占3种蚜虫总数的97.51%，春季则以烟蚜为主，占3种蚜虫总数的73.97%。烟蚜在萝卜和甘蓝上均以孤雌胎生方式繁殖，冬季只有川南的宜宾、泸州烟区和广元烟区有烟蚜的危害，在凉山和攀枝花烟区只有保护地有甘蓝蚜和萝卜蚜危害。在油菜上，自3片真叶期就查到烟蚜和萝卜蚜活动和危害，春季仍以烟蚜种群数量（61.37%）占优势。

综上所述，四川烟田的蚜虫在烟叶收获后的秋季以有翅蚜的方式飞向周围的桃树、李树和杏树产卵越冬，只有少量烟蚜，则迁飞到秋季十字花科蔬菜上继续危害，然后再迁飞至桃树等果树产卵越冬，翌年春季再从桃树等果树上迁飞至烟田危害。

三、烟蚜种群数量消长动态

四川烟田烟蚜均以孤雌生殖方式繁殖后代，以无翅蚜和有翅蚜表现蚜群，其种群增长过程，无翅蚜呈快速增长模式，有翅蚜呈平稳增长模式。由于四川烟区生态条件有差异，烟蚜的初见期不一致，但盛发期高峰则无明显差异（图 3–2 ~ 图 3–5），烟蚜初见期在泸州市古蔺和宜宾市筠连最早，分别在 3 月 3 日和 3 月 25 日，广元市剑阁为 4 月 1 日，攀枝花市米易县和凉山彝族自治州冕宁县分别在 4 月 15 日和 4 月 10 日。调查结果发现，5 地调查点在烟株还苗期就能发现有翅蚜的活动，有翅蚜出现 3 ~ 5 d，就能发现无翅蚜活动和危害。6 月中下旬烟蚜种群增长较快，7 月上旬至中旬达到烟蚜种群最高峰，高达 8 431 ~ 9 952 头 /100 叶，7 月下旬蚜群急速下降，在 8 月中下旬基本查不到烟蚜的活动。

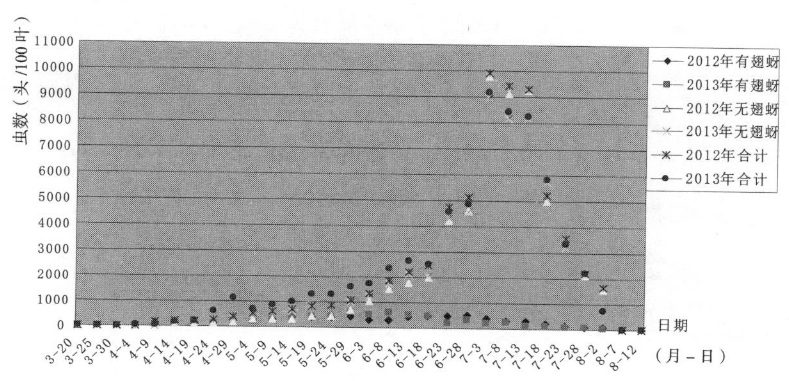

图 3–2　筠连县烟田蚜虫种群数量消长动态　（2012 年）

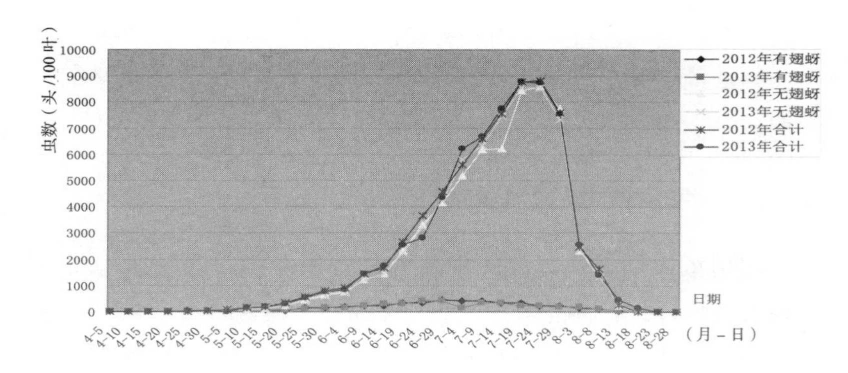

图 3-3　米易县烟田烟蚜种群数量消长动态　（2012 年）

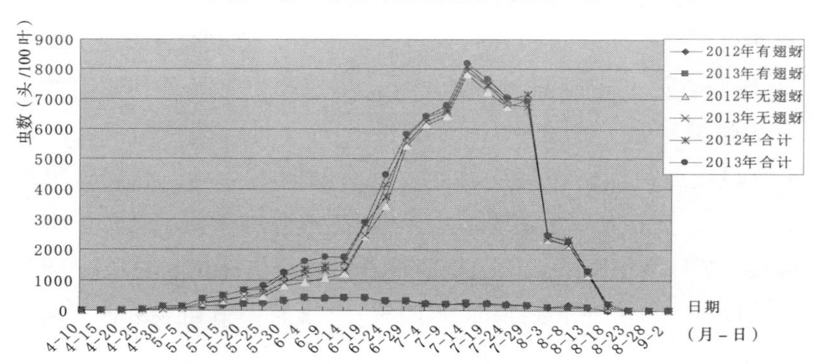

图 3-4　冕宁县烟田烟蚜种群数量消长动态（2012 年）

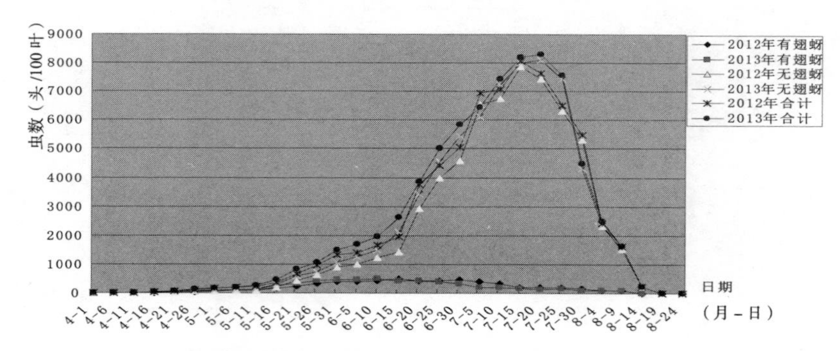

图 3-5　剑阁县烟田烟蚜种群数量动态　（2012 年）

四、黄板诱集的烟蚜数量动态

烟田烟株上出现烟蚜后 10 ~ 15 d，黄板就能诱集到有翅蚜，但数量很少。在泸州市古蔺箭竹镇，在 2012 年 4 月 10 日，黄板诱集蚜量为 95 头 /5 板，2013 年 4 月 15 日黄板诱集蚜量为 47 头 /5 板。宜宾筠连县高坪镇与古蔺县箭竹镇诱集接到烟蚜量的时间一致。广元剑阁县剑阁镇 2012 年和 2013 年分别于 4 月 20 日和 4 月 25 日黄板上才出现烟蚜。5 点试验结果，黄板上诱集到有翅蚜数量高峰与烟株实测调查基本一致（图 3–6、图 3–7）。由此看出黄板上的有翅蚜群，系烟田内的烟蚜，而非越冬寄主的有翅蚜，说明烟田实际调查的数据较为可靠或接近反映烟蚜发生的实际情况，也是指导防治烟蚜的可靠数据。

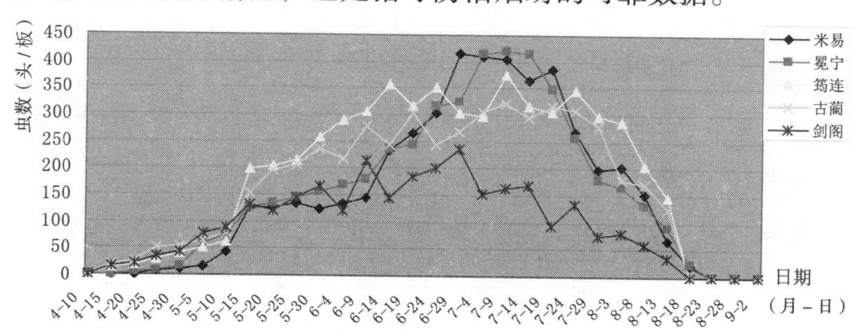

图 3–6 四川不同植烟区烟田黄板诱集烟蚜数量（2012 年）

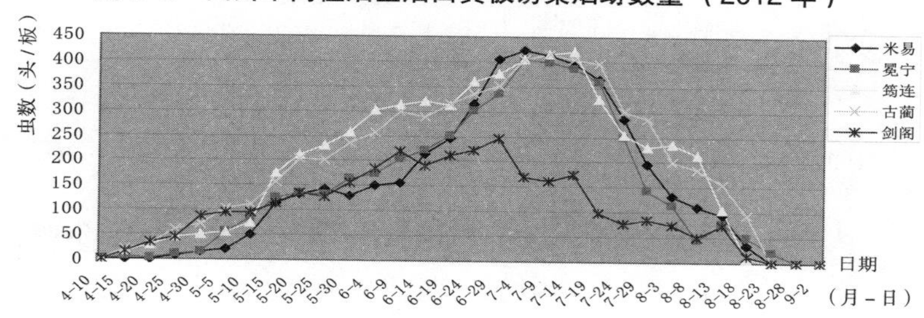

图 3–7 四川不同植烟区烟田黄板诱集烟蚜数量（2013 年）

五、烟蚜种群在烟株上的水平分布动态

种群水平分布动态：作者于2013年在攀枝花市盐边县选取较为方正的5块烟田，每块按东、东南、南、西南、西、西北、北、东北和中共9点，每点2株，自6月19日开始，每5 d调查一次至7月29日结束，共调查9次。将调查结果整理见表3–1。

表3–1　烟蚜在烟田的水平分布（2013年）

日期（月–日）\方位	东	东南	南	西南	西	西北	北	东北	中
6–19	274	296	263	354	246	241	238	231	266
6–24	383	411	359	354	341	339	329	314	359
6–29	501	544	459	395	363	341	391	383	379
7–4	584	833	575	498	484	474	469	456	479
7–9	699	751	683	654	598	594	574	583	575
7–14	798	841	789	774	763	779	754	786	783
7–19	849	901	833	824	821	807	807	809	573
7–24	841	887	814	824	801	503	804	813	815
7–29	793	841	813	783	779	767	779	709	777
合计	5 722	6 305	5 588	5 460	5 196	4 845	5 145	5 084	5 006
（0/0）	11.83	13.04	11.56	11.29	10.75	10.02	10.64	10.51	10.35

从表3–1看出，同一块烟田中按数量大小的顺序是东南–东–南–东北–西–北–中部–西北–西南。在各个方位的蚜量有一定的差异，但经分析，均不达显著水平。因为选取的这5

块烟田四周环境基本一致。攀枝花市的烟区属于高原地带，风向、风力均基本一致，在同一烟田内蚜虫种群水平分布状态差异不大。作者认为在基本相同的生态条件下，调查烟田内蚜虫的发生和危害，每块烟田按东、南、西、北和中部5点，每点取2株，有条件的可全株每叶都调查，如果没有条件的可只查上部5～10叶即可（本节的空间分布有表述）。有翅蚜早春（烟田移栽至还苗期）从桃树等果树、十字花科作物、茄科作物迁飞至烟田后，基本呈聚团的，后靠风力和人力等因素扩散到全烟田，攀西地区的烟区地形地势属云贵高原一角，地势地貌基本相同，作者认为这一结论仅适用于地形、地貌等地理生态条件相似的烟区，四川各烟区的地理生态条件不尽一致，由于时间和经费有限，其他的地理生态环境，有待调查研究。

种群空间分布：作者应用昆虫种群空间分型的扩散型指数的7种方法测定结果，蚜虫危害烟草的空间分布均为聚集分布型。分布型是个体群为基本成分，基本成分个体群间相互排斥，呈低密度、高聚集，高密度、低聚集状态。经Arbous提出的 $X=x/2k \cdot y$ 未解释烟蚜在烟田内分布的原因，结果系由于环境因素所引起并非种群本身生物学特性所致（本书种群动态分布一节已表述）。作者在实际调查中发现烟蚜在烟株上的分布主要集中在上部叶片。下面讨论烟蚜在烟株上的分布。

六、烟蚜种群在烟株上的垂直动态

作者于2013年在攀枝花市米易县烟草生长期中，以5月16日起每7 d调查1次，调查取样方法（本书已有表述）共调查10次，现将结果整理于表3–2。

表 3-2　烟蚜在烟株上的垂直分布表（攀枝花市 2013 年）（单位：%）

叶序 \ 日期（月-日）	5-16	5-23	5-30	6-6	6-13	6-20	6-27	7-4	7-11	7-17
1	9.50	14.30	0.70	0.08	0.16	0.10	0.00	0.00	0.00	0.00
2	39.50	15.20	7.60	0.17	0.26	0.30	0.20	0.03	0.06	0.00
3	32.60	19.50	25.80	2.70	2.50	2.60	1.30	0.10	0.03	0.29
4	18.40	25.40	12.80	10.80	7.20	3.80	1.60	0.60	0.50	0.46
5		25.60	14.00	11.70	7.80	6.30	3.50	1.40	1.30	0.47
6			16.80	8.70	6.30	6.20	3.60	1.60	1.20	1.10
7			22.30	13.00	6.60	7.30	4.40	1.90	2.50	1.40
8				14.60	9.40	10.11	6.00	2.60	2.50	2.30
9				15.20	8.10	10.50	6.50	3.00	3.30	2.40
10				23.05	10.40	11.60	6.60	3.00	3.50	2.90
11					18.78	14.20	7.10	4.10	4.10	3.00
12					22.50	16.20	7.50	4.80	4.30	2.70
13							9.10	5.00	4.30	3.60
14							9.60	5.20	5.00	3.70
15							9.70	5.60	5.00	4.20
16							9.80	5.30	5.30	4.60
17							9.10	5.60	5.20	4.60
18							14.50	5.90	6.10	5.30
19								6.10	6.40	5.80
20								6.20	6.50	7.70
21								6.33	5.37	6.90
22								12.00	6.90	6.50
23								13.24	6.30	7.50
合计	100	100	100	100	99.98	89.21	110.1	99.6	85.66	77.42

注：每次 10 株（E、S、W、N、M）共 10 次 100 株的每叶均数，烟株不去顶。

从表 3–2 得知，上部叶片（自上而下 5 叶）烟蚜占全株总蚜量的 37.61%，中上部（自上而下 6 ~ 10 叶）的蚜量占全株总蚜量的 21.74%，中部（自上而下 11 ~ 15 叶）的蚜量占全株总蚜量的 18.90%，中下部（自上而下 16 ~ 20 叶）的蚜量占全株总蚜量的 13.99%，下部叶（自上而下 21 ~ 25 叶）的蚜量占全株总蚜量的 7.75%，并进行空间扩散指数测算（方法略见前）烟蚜在烟株的空间分布为聚集分布，因为上部自中上部（占全株总蚜量的 59.35%）的营养和生态条件，均有利于烟蚜的生存和繁殖。因此作者认为，调查烟蚜的发生和危害，每株每次选取烟株上部及中上部（自上而下）后 10 片叶即可。

将烟株分为上、中上、中、中下和下 5 个部位的立体空间，将每个空间（部位）蚜虫的分布数量用相似的系数（C）：C= 2w2tB 公式，测算其各方位都相似的相异系数。

C 为 2w2tB 式中空间种群分布系数；

w 为两个空间（两个部位）共有蚜虫量的相对值中的总和；

a 为第一个空间（以后类推）中所有蚜量的总和；

b 为第二个空间（以后类推）中所有蚜量的总和；

测算结果见表 3–3。

经测中上部蚜量分布的相似系达 0.714 286，因此进一步说明调查每株烟草蚜虫数量具有较高的代表性和适用性，必须调查自上而下 1 ~ 10 叶为宜。

表 3-3　烟蚜在烟株上的分布及相似（异）值（2013 年 攀枝花市）

方位		相似系数				
		上部	中上部	中部	中下部	下部
相异系数	上部		0.714 286	0.651 466	0.526 69	0.330 645
	中上部	0.285 714		0.930 233	0.783 069	0.525 641
	中部	0.348 534	0.069 767		0.850 575	0.581 56
	中下部	0.473 31	0.216 931	0.149 425		0.713 043
	下部	0.669 355	0.474 359	0.418 44	0.286 957	

七、烟蚜天敌种群动态

于 2012 年在四川攀枝花市仁和区选取常规管理烟田 3 块，每块 5 点取样，每点 1 株，共 15 株，每 5 d 调查 1 次，每次调查烟株每片叶上的烟蚜数及其天敌的种类、数量，并按叶序（自上而下）的叶面、叶背记录。

共调查到 6 类天敌（表 3-4）10 种：烟草蚜茧蜂 *Aphidius gifuensis* Ashmead，菜蚜茧蜂 *Diaeretiella rapae* M′Intosh，黑带食蚜蝇 *Episyrphus balteata* De Geer，野食蚜蝇 *Syrphus torvus* Osten-Sack，七星瓢虫 *Coccinella septempunctata* Linnaeus，异色瓢虫 *Harmonia axyridis* Pallas，大红瓢虫 *Rodolia rufopilosa* Mulsant，日本水狼蛛 *Pirata japonicus* Tanaka，大草蛉 *Chrysopa pallens* Rambur，中华草蛉 *Chrysoperla sinica* Tjeder。调查 23 次，计天敌总个体数 4 618 头，平均每株仅 13.38 头；而蚜虫总个体数为 30 338 头，平均 87.94 头 / 株，天敌：蚜虫 =1 ：6.57，而且除蚜茧蜂能够在烟田内监测到，其他 6 类天敌中，8 种天敌又为多食性，因此，在烟田内仅依靠自然天敌控制

烟蚜的可能性差。

表 3-4 烟蚜及其天敌种群的动态表（2012 年攀枝花市）（单位：头）

日期（月-日）\名称	蚜茧蜂	食蚜蝇类	瓢虫类	蝽类	蜘蛛类	草蛉类	烟蚜
4-20	6	0	0	0	3	0	11
4-25	11	0	7	0	0	0	20
4-30	12	0	9	6	0	0	36
5-5	17	3	12	9	24	2	12
5-10	23	5	17	15	52	3	140
5-15	22	11	15	18	49	3	190
5-20	22	14	14	20	62	5	301
5-25	23	15	30	21	65	6	540
5-30	25	11	42	21	68	11	653
6-5	39	15	33	22	73	12	858
6-10	65	12	47	27	74	13	1 462
6-15	71	16	51	20	73	19	1 567
6-20	91	18	55	19	84	22	1 894
6-25	111	18	58	20	75	22	2 333
6-30	122	22	64	22	110	24	2 456
7-5	135	23	53	23	110	19	3 133
7-10	163	22	43	18	100	14	2 833
7-15	191	28	40	16	90	10	2 756
7-20	188	25	36	12	33	10	2 635
7-25	142	27	31	13	22	20	2 111
7-30	125	24	30	7	15	0	1 933
8-5	88	28	10	3	20	0	1 541
8-10	158	32	17	5	29	0	936
合计	1 850	369	714	337	1 231	215	30 351

作者于 2013 年在宜宾筠连县专门考查了蚜茧蜂（*Aghidius gifuensis* Aehmend）对烟蚜的控制作用。共调查 10 块烟田（取样调查方法同前，从 6 月 24 日开始至 8 月 3 日结束），结果见表 3-5。

表 3–5　烟蚜在田间自然寄生率表（2013 年 宜宾）

田号 \ 日期（月–日）	6–24	6–29	7–4	7–9	7–14	7–19	7–24	7–29	8–3	8–8
1	593/24	633/27	674/31	873/51	745/51	755/66	765/81	759/79	774/83	6 573/493
2	633/29	643/29	698/35	875/65	744/53	735/63	756/71	735/69	724/61	6 532/473
3	624/25	654/31	534/29	755/61	732/66	757/69	759/81	749/83	721/81	6 286/526
4	634/26	534/26	614/31	766/63	723/61	757/75	715/73	705/72	723/81	6 171/508
5	715/26	556/31	546/32	783/71	731/62	723/77	725/78	735/83	742/85	6 256/545
6	783/31	611/29	609/30	723/69	732/63	724/81	723/79	734/85	724/81	6 363/548
7	606/29	635/30	613/31	734/71	722/76	715/79	765/76	709/71	711/73	6 151/539
8	675/36	645/31	615/32	733/69	732/67	724/81	732/87	733/89	714/81	6 306/573
9	656/24	665/32	605/34	756/81	756/81	714/81	745/83	744/89	756/91	6 391/596
10	776/25	655/31	645/79	717/74	722/79	725/83	765/81	765/97	753/89	6 513/632

注：为活蚜数 / 为僵蚜数。

从表 3–5 看出，在烟田内，烟蚜茧蜂种群数量与烟蚜种群数量有相关性，即随蚜量的增加，烟蚜茧蜂数量也增加，并随时间增加而增加，从总体看，烟蚜茧蜂对烟蚜的控制能力不强，每块烟田的烟蚜茧蜂数量分布比较均匀，最高寄生率为 8.85%，烟蚜的被寄生率仅 3.12%，到 7 月 29 日烟蚜被寄生率可达 10.85%，也就是说烟蚜的田间自然天敌的控制能力为 3.12% ~ 10.85% 之间。加上其他天敌的控制作用，对烟蚜的发生和危害能起到一定的抑制作用。作者认为，对烟蚜的防治措施为保护自然 + 增加田间天敌种群数量 + 合理科学用药 + 其他措施（色板诱集）。

第二节 烟青虫与棉铃虫

烟青虫（*Heliothis assulta* Guenee）和棉铃虫（*Heliothis armigera* Habner）是四川省植烟区主要害虫之一，在烟草生长期均可发生和危害，主要以幼虫取食叶片，特别是嚼食顶部嫩梢幼叶，导致穿孔缺刻，受害叶片呈网状，造成顶梢凋萎死亡。幼虫还嚼食蕾、花和果实，可使种子损失高达 50% 以上。尽管多年来各植烟区采取了措施多样的防控手段，总体的发生和危害有所下降，但只要防控稍有松懈，烟青虫同样在烟田严重发生，损失巨大。

烟青虫与棉铃虫同属于鳞翅目（Lepipoptera）、夜蛾科（Noctuide）、实夜蛾亚科（Heliothina）、实夜蛾属（*Helothis Ochsenheimer*），这两个种在形态学、生物学、生态学等方面都很相似，特别是在四川省植烟区的很多烟田这两种害虫往往都混合发生。因此，在本文中放在一起介绍。

一、形态学的差异比较

烟青虫又名烟草夜蛾，体长 15 ~ 18 mm，翅展 27 ~ 35 mm，头、胸部黄褐色，腹部淡褐黄色，前翅黄褐色，后翅淡褐黄色；棉铃虫，体长 14 ~ 18 mm，翅展 30 ~ 38 mm，头、胸部及腹部浅灰褐色或青灰色，前翅淡红褐色或青灰色，后翅黄白色或淡褐色。棉铃虫又名棉铃实夜蛾 *Helothis ochsenheimer*；喙发达，下唇须斜向上伸，雄蛾触角上有纤毛；头部有粗糙的毛，中足和后足的胫节具有明显的刺，前足胫节短而宽，两边有刺，内边有一爪状长距，外边有 1 个或 3 个爪状短距，前翅狭长，中室的长度约超过翅长的 1/2，翅尖显著，后翅中室很短。

烟青虫和棉铃虫的翅面斑纹相似，但烟青虫前翅线纹清晰，而棉铃虫则前翅线纹模糊，这是两者最大区别所在。烟青虫卵面的纵棱线长短相同、不分岔，也不伸达底部；而棉铃虫的卵面纵棱线长短不相同、分岔，但伸达底部。烟青虫的幼虫体色变化较小，前胸侧毛（L_1、L_2）的速线与前胸气门下端远离，体表上的小刺较短；而棉铃虫的幼虫体色变化较大，前胸侧毛（L_1、L_2）的速线与前胸气门下端相切或相交，表面上的小刺底端较大。烟青虫蛹体末端的两根小刺的基部相接近；而棉铃虫蛹体末端的两根小刺的基部分开。烟青虫的寄主范围小，为寡食性害虫；而棉铃虫的寄主范围很广，为多食性害虫。

二、烟青虫和棉铃虫的生活史

1. 烟青虫

经室内饲养和田间调查，在四川省植烟区烟田一年发生 4 代，有世代重叠现象。（表 3-6、表 3-7、表 3-8）

表 3-6 四川烟青虫生活史（2012 ~ 2015 年 宜宾）

月	4			5			6			7			8			9			10		
代别 \ 日	上	中	下	上	中	下	上	中	下	上	中	下	上	中	下	上	中	下	上	中	下
越冬代	▲	▲	+	+	+	+															
一代				○	○	○															
					~	~	~	~													
							△	△	△												
								+	+												
二代								○	○												
									~	~	~	~									
										△	△	△									
												+	+								
三代												○	○								
												~	~	~	~						
														△	△	△					
															+	+					
四代															○	○					
																~	~	~	~	~	
																		▲	▲	▲	▲

注：+ 成虫；○卵；~ 幼虫；△蛹；▲越冬蛹。

第三代幼虫 8 月下旬以前化蛹，一般能羽化、交尾、产卵进入第四代，但在 8 月底至 9 月上旬化蛹的有 13.4% 不能羽化而直接越冬。第四代幼虫 9 月下旬开始陆续化蛹越冬，有 1.35% 的蛹仍能羽化，但成虫不能交尾或成畸形蛹。

越冬蛹于翌年当气温上升到 18 ～ 20.4 ℃时开始羽化，越冬蛹最长历期 261 d，平均 229.7 ± 4.5（d）。

表 3–2 烟青虫各虫态发育历期（2012 ～ 2013 年）

虫态 历期 / 世代	成虫		卵		幼虫		蛹		全世代	
	平均	温度（℃）	平均	温度（℃）	平均	温度（℃）	平均	温度（℃）	平均	温度（℃）
一代	9.7±4.4	20.1	5.9±0.1	20.4	17.9±0.1	23.2	11.6±0.1	24.2	45.1±1	23.7
二代	7.9±2.1	23.6	3±0.01	24.9	16.1±0.5	25. 0	11.2±0.3	25.8	38.2±0.9	25.1
三代	4.3±0.6	27.0	2.6±0.3	27.5	17.8±0.5	25.5	13.7±0.7	24.2	38.4±0.5	25.7
四代	8.7±1.3	26.4	3±0.4	22.0	33.5±0.9	19. 8				

表 3–8 烟青虫各龄幼虫历期（2012 ～ 2013 年）

代别		一代	二代	三代	四代
观察数		234	218	240	414
一龄	历期（d）	3.5±0.4	3.8±0.5	3.5±0.5	6.5±0.1
	温度（℃）	21.6	25.9	27.2	20.7
二龄	历期（d）	2.9±0.4	2.3±0.4	2.1±0.3	4±0.8
	温度（℃）	23.2	25.9	23.7	20.3
三龄	历期（d）	2.2±0.3	1.7±0.5	2.3±0.4	4.8±0.8
	温度（℃）	23.1	25.2	25.7	19.2
四龄	历期（d）	2.6±0.3	2.3±0.4	2.6±0.5	5.5±0.8
	温度（℃）	23.9	24.8	24.8	19.7
五龄	历期（d）	4.7±0.5	3.9±1.6	4±0.8	8.4±1
	温度（℃）	23.4	24.6	23.8	19.6
前蛹	历期（d）	2±0.3	2.1±0.3	3.3±0.7	4.3±0.7
	温度（℃）	23.3	24.5	27.2	19.3

注：幼虫期（为 13.8 ～ 33.5 d）平均为 20.32 d。

棉铃虫幼虫分为6龄，各龄幼虫发育历期（21 ~ 23 ℃）与烟青虫幼虫各龄发育历期基本一致，但在不同地区发育历期有所变化。在四川中部地区，幼虫历期（21 ~ 23 ℃）为12.33 ~ 21.20 d，平均为20.22 d。

作者在室内经一周年饲养（用烟叶和辣椒），在变温条件下饲养烟青虫（自动温湿度记录为8时、14时、18时3次平均温度），共饲养1 222头，头年11月收集蛹于室内按♀ + ♂各1头装入饲虫管内，管口用棉球塞住，埋于土中（土壤含水量9.0% ~ 11.0%）。每个虫态保证50余个数据进行计算，按各时代不同虫态发育平均值与发育期内日平均温度进行统计分析，并按有关公式进行相关分析。结果表明，烟青虫发育与温度呈正相关关系，卵期：r= -0.883 2**，幼虫期：r= -0.937 6**，蛹期：r= -0.779 5**，成虫产卵期：r= -0.998 1**，除蛹期为$P < 0.05$，其余各虫态均为$P < 0.01$，各虫期的预测方程式$y=a+bx$，卵期为14.645 ~ 0.469x，幼虫期为55.990 2 ~ 0.841 9x，蛹期为39.101 1 ~ 0.055 7x，成虫性成熟期为13.834 2 ~ 0.428 1x；在此基础上采用发育地点温度$C=\sum f\sum (fNT) - \sum (fN) \sum (fT) / \sum f\sum (FN^2) - [\sum (fN)]^2$和有效温度$K=\sum (fN^2) \sum (fT) - \sum (fN) \sum (fNT) / \sum f\sum (fN^2) - [\sum (fN)]^2$。

关于有效积温和发育地的温度的计算方法，参见石万成、刘旭主编的《果树害虫及防治》（四川科学技术出版社1991年版）。经计算结果，卵期：C=13.7±0.7，K=33.3（日度）；幼虫期：C=13.9±0.9，K=178.29（日度）；蛹期：C=11.2±0.8，K=141.8（日度）；成虫性成熟期：C=16.6±0.7，K=24.96（日度）；全世代：C=14.4±0.4，K=383.3（日度）。积温法在推算不同地区的烟青虫发生世代数是比较准确，但也有一定的局域性。

2. 棉铃虫

棉铃虫在四川植烟区烟田一年发生4代，以蛹在土中越冬。在四川各烟区各代有差异，在川南烟区，第二代卵期在7月中旬，第三代卵期在8月中旬，第四代卵期在9月中旬。由于棉铃虫寄主广，第一代均不危害烟草，7月、8月是棉铃虫发生最多的时间段。根据初步饲养观察：各代历期分别为第一代卵期平均为7.0 d，幼虫期平均为27.95 d，蛹期平均为9.3 d；第二代卵期平均为3.1 d，幼虫期平均为18.1 d，蛹期平均为8.5 d，成虫（♀♂平均）为9.0 d；第三代卵期平均为2.9 d，幼虫期平均为18.5 d，蛹期平均为11 d，成虫（♀♂平均）为4.5 d；第四代卵期平均为4.7 d，幼虫期平均为19 d，蛹期平均为23.1 d，成虫（♀♂平均）为5.1 d。

烟青虫幼虫为5龄，棉铃虫也为5龄，但第一代、第二代可发生为6龄，数量少，仅为该代的3.5%和4.1%。

三、种群数量动态

烟青虫幼虫化蛹后，按同天同时♀：♂为1：1配对放入养虫罩内，观察羽化并喂1%～3%蜂蜜水作补充营养，养虫罩内装入烟株（旺长初期），共50个养虫罩，进行24 h观察，夜间每小时观察1次（用手电在玻面用红布套上作观察光源）。

表 3-9 烟青虫成虫寿命和产卵量 （2012 ~ 2013 年）

项目 代别	雌蛾产卵前期（d）			雌蛾产卵前（d）			成虫寿命（d）						雌蛾产卵量（粒）		
							雌蛾			雄蛾					
	最长	最短	平均	最长	最短	平均	最长	最短	平均	最长	最短	平均	最多	最少	平均
一代	5	1	4.6	13	4	10.0	14	4	10.8	13	3	8.5	1 154	21	307.2
二代	2	1	1.3	12	6	9.0	13	7	10.0	9	4	5.7	1 105	272	739.5
三代	4	1	1.8	6	4	4.8	7	5	5.5	5	3	3.6	715	29	348.8
四代	6	1	2.4	9	4	6.9	13	7	10.1	11	4	7.3	941	135	503.2

成虫大多于夜间羽化，基本集中在下午 19 时到午夜 1 时，白天下午也有少量成虫羽化。晚上 21 ~ 23 时羽化数量最多，占 90% 以上；经初步观察，棉铃虫也大多集中在晚上 20 时到 23 时羽化。羽化后的成虫不久即找到蜜糖液吮吸。第二天开始交尾至第三天交尾完毕，但有少数成虫（约占 1.5%）羽化后即可交尾，一直持续到第二天。更有甚者，直到雌雄虫双双死去都不分开。

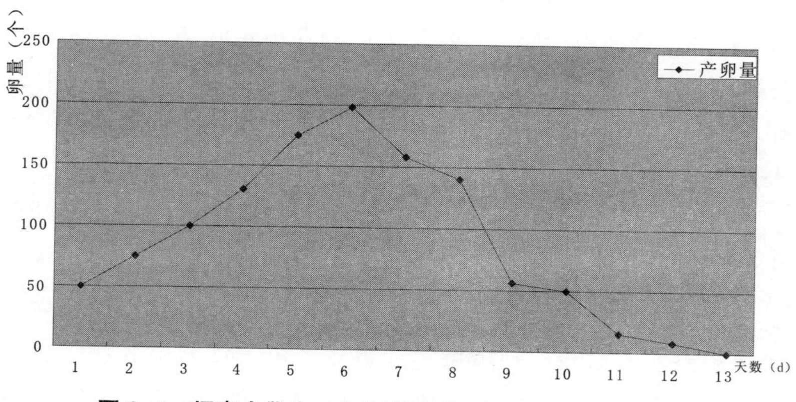

图 3-8 烟青虫雌虫一生产卵量图 （2012 ~ 2013 年）

烟青虫在室内第一代产卵量最少 21 粒，最多 1 154 粒；第二代最少可产 272 粒，最多为 1 105 粒；第三代最少（29 ~ 215 粒）。棉铃虫一头雌虫一般能产 1 000 粒，最多 2 000 ~ 3 000 粒。这两种夜蛾中，棉铃虫繁殖能力高于烟青虫，这可能与寄主的宽窄有关系。烟青虫雌虫的产卵期从产卵初期至第四天达 11.4%，第五天 14.9%，第六天达到高峰，达 16.55%，第七天为 14.3%（图 3–8）。因此，在田间从调查到卵粒逐渐增多之日往后推 5 ~ 6 d 即为田间施药时期，也可根据灯下蛾量逐渐增多日往后推 7 ~ 8 d 即为田间施药时期。烟青虫雌蛾一般在夜间集中产卵，从夜间 20 时可以看到卵粒，一直持续到翌日凌晨 3 时，其中当晚 22 时到 24 时为当天总产卵量的 79.8%。

在烟田里，烟青虫和棉铃虫的产卵部位相似。烟青虫在辣椒上主要产卵于叶片上，其中叶片正面占 63.8%、背面占 26.3%；在烟叶上主要产在心叶上及心叶往下 1、2 片叶，叶正面占 71.5%、背面占 29.3%，心叶所产的卵量占全株叶片上卵粒的 95.4% 左右。棉铃虫的卵在烟叶上的分布与烟青虫相似，叶正面占 73.4%、背面占 29.3%，心叶上产的卵占全叶 96.7%。这两种夜蛾均是单粒产卵，一般一处 1 粒，很少见到 2 粒或 2 粒以上的卵在一起。因此，及时打顶可以减少这两种夜蛾的危害，也可减少农药对烟叶污染，不失为绿色防控的一种措施。

四、营养对种群数量的影响

烟青虫在室内用烟株（盆栽团棵初期，与田间生长相近）和辣椒果实（盆栽、辣椒果实绿色转红色）接卵至老熟幼虫，并观察蛹体重量（g）、羽化率、成虫产卵，重复 50 次即 50 盆（每盆 2 粒或 2 头）。结果是用烟株（叶）和辣椒果实饲养的：幼虫成活率为 85.3% ~ 98.5% 和 79.5% ~ 95.79%，平均 91.3% 和 89.7%，两种饲料平均 90.5%，经方差分析不显著；化蛹率分别为 87.7% ~ 94.5%、平均 92.33% 和 86.9% ~ 93.78%、平均 92.03%，经方差分析不显著；羽化率都较高（土壤含水量均在 7.8% ~ 9.5% 之间），均达 95.5%；成虫产卵量分别为 56 ~ 1 458 粒和 55 ~ 1 352 粒，两种饲料平均 1 156 粒，但经方差分析不显著。

烟青虫的生长速率饲养用辣椒果实和烟株（叶），方法同上。每日（上午 8 时和下午 14 时）用手持放大镜观察幼虫蜕皮，取其各龄幼虫和头壳镜测头壳宽和幼虫体长，按有关公式计算，结果见表 3-10。

表 3-10　烟青虫幼虫生长速率的测定结果表（2009 年）

龄期/项目	辣椒果实					烟叶				
	Ⅰ	Ⅱ	Ⅲ	Ⅳ	Ⅴ	Ⅰ	Ⅱ	Ⅲ	Ⅳ	Ⅴ
头壳宽（mm）	0.334±0.11	0.62±0.12	1.21±0.43	1.65±0.33	1.93±0.32	0.341±0.12	0.62±0.22	1.21±0.44	1.67±0.27	1.942±0.33
生长速率	1	1.7	1.9	1.4	1.1	1	1.7	1.9	1.4	1.1
体长（mm）	1.81±0.1	5.7±0.4	17.33±0.51	25.32±0.25	39.3±0.4	19.1±0.12	5.78±0.43	17.5±0.51	26.33±0.21	40.3±0.13
生长速率	1	3.2	2.7	1.6	1.4	1	3.3	2.7	1.6	1.4

从表 3-10 中看出：烟青虫幼虫三龄以前的生长速率快于四龄、五龄幼虫。从测定头壳宽度（头壳能控制幼虫蜕皮和生长速率）和幼虫长度对幼虫生长速率有一致性，幼虫蜕皮变龄长大都是头壳来控制的，头部是虫体的神经中心。用烟株叶和辣椒果实饲养的结果，其幼虫的生长速率都表现一致性。这些结果对田间调查、判明幼虫龄期、预报药剂防治时期都具有重要的指导意义

和适用意义。

用烟株叶和辣椒果实这两种饲料饲养的烟青虫蛹体重量也基本一致，烟株叶和辣椒果实这两种饲料饲养的烟青虫蛹体其雌雄重量分别为雌蛹 205±0.9（mg）、雄蛹 202.5±0.05（mg）和雌蛹 205.5±6.6（mg）、雄蛹 208.8±0.8（mg），看出用烟株叶和辣椒果实饲出的烟青虫均能正常发育。该虫对这两种饲料都具有很好的选择性，在烟草上的危害都重，是两种作物的重要害虫。

五、烟田的种群动态

自团棵期至烟叶收获期，每 5 d 调查一次，选择有代表性的烟田 3 块，5 点取样，每点 5 株，每株自上而下分别记数每叶烟青虫和棉铃虫的卵和幼虫数。

调查结果，烟田内棉铃虫种群数量大于烟青虫种群数量，棉铃虫前期、中期种群数量发展比较平衡，后期数量增多，其种群数量在时间上分布比较均匀。而烟青虫种群数量前期比棉铃虫多，中期较棉铃虫较少，后期则比棉铃虫多，在时间序列上呈不均匀比较状。

卵粒在烟株上的垂直分布：棉铃虫：心叶占 37.5%，第一叶占 31.4%，第二叶占 19.3%，第三叶占 7.9%，第四叶以下 4.1%；烟青虫：心叶占 39.1%，第一叶占 25.7%，第二叶占 23.2%，第三叶占 9.7%，第四叶以下 2.3%。这两种夜蛾产卵均产在上部叶片，第四叶以下卵粒很少。

水平分布：烟青虫和棉铃虫的卵主要是产在叶正面，烟青虫在叶正面的卵粒量占 63.8%、背面占 35.3%、其他部分占 0.9%。棉铃虫在叶正面的卵粒量占 65.7%、背面占 34.1%、其他占 0.2%。

幼虫的垂直分布：烟青虫和棉铃虫主要集中在上部叶片危害，特别是心叶虫量最大，危害最重（表 3-11、图 3–9）。

表 3–11　烟青虫和棉铃虫田间种群数量动态　（2013 年）

调查时间	5 月					6 月					7 月					8 月			
	10	15	20	25	30	4	9	14	19	24	4	9	14	19	24	3	8	13	18
烟青虫（头）	9	9	13	17	22	9	9	13	17	22	9	9	13	17	22	9	9	13	17
棉铃虫（头）	15	17	21	35	45	15	17	21	35	45	15	17	21	35	45	15	17	21	35

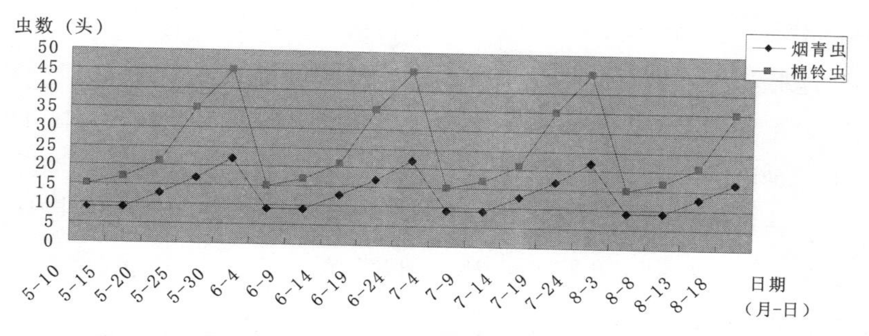

图 3–9　烟青虫与棉铃虫田间种群数量动态图　（2013 年）

六、棉铃虫与烟青虫的种间竞争

棉铃虫和烟青虫对同一资源——烟草的利用，这种以相同或相似利用同一资源或同一生态类型表现出一种竞争。这种竞争不仅在形式上表现在两个近缘种群烟青虫和棉铃虫种间有着内在因素，还有竞争表现在对空间（烟株）、时间（烟草生育期）占有量大，对资源的利用就多。在形式上表现为种群数量大小。我们采用生态位有关公式进行测定和分析这两个近种棉铃虫和烟青虫对烟草的竞争机制。利用生态位和相似（异）系数分析，在同一烟株上烟青虫和棉铃虫的分布存在的比例：总的是棉铃虫占 51.38%，烟青虫占 48.62%。将烟草生长过程中相隔同段时间内，按烟株自上而下的叶片序列调查这两种害虫的幼虫数量，采用生态位有关公式进行定量计算和这两种类的相似（异）系数进行分析，讨论烟青虫和棉铃虫对烟（叶）株同一资源的利用和竞争（有关计算公式见本书有关章节）。烟青虫在烟株上的时间生态位（即水平分布）宽度和重叠值均略小于棉铃虫，空间生态位（即垂直分布）宽度和重叠值相近，两者生态位相似性系数为 0.785 6，烟青虫和棉铃虫对烟株的竞争系数分别为 0.632 5 和 0.987 3，在烟株上棉铃虫较烟青虫占优势。当然，不同年份、不同地域和不同烟草品种也可能得出相反的结果。这个研究过程的结果是我们提供研究在同一物种上的两个近缘种群或两个以上的不同种群的一种方法，在防治上也是具有重要的指导意义，即抓住主要种群在防治时间、策略和方法上对其他害虫也能达到同样的效果，能达到减少施药次数和用药量的目的，尤其对烟草等经济作物十分重要。

七、天　敌

卵期天敌：松毛虫赤眼蜂 *Trishgramma dendrolimim* Matsumura（棉铃虫、烟青虫），拟澳洲赤眼蜂 *Trichgrramma confusum* Viggianc（棉铃虫）。幼虫期天敌：甘蓝夜蛾拟瘦姬蜂 *Netelia ocelloaris* Thomaris Thomson（棉铃虫、烟青虫），棉铃虫齿唇姬蜂 *Compoletis chlorideae* Uchida（棉铃虫、烟青虫），广大腿小蜂 *Brachymeria Lasus* Walker（棉铃虫）。捕食性天敌：日本长脚胡蜂 *Polistes japaniese fadwigue* Torre（棉铃虫幼虫），黄黑长脚胡蜂 *Polistes mandarinus* Saussure（棉铃虫、烟青虫幼

虫），普通长脚胡蜂 *Polistes okinawansis* Matsumura（棉铃虫幼虫），横滨长脚胡蜂 *Polistes Rodsekowski*（棉铃虫、烟青虫幼虫），黄边胡蜂 *Vespa crabromiformis* Smis（棉铃虫、烟青虫幼虫），黄胡蜂 *Vespa lewisiii* Comeron（棉铃虫幼虫），日本蠡斯 *Heracentrics japaniese* Kanny（棉铃虫、烟青虫幼虫）。上述天敌对棉铃虫和烟青虫在烟田内的发生有一定的控制作用，但无论在什么条件下，其控制作用不强。经我们在全省烟区随机调查结果，两个害虫卵的寄生率在 1.52% ~ 3.24%（卵随机采取 100 粒带回室内观察），对幼虫的寄生率在 5.35% ~ 3.75%（方法同卵的方法）。捕食性天敌虽多于寄生天敌，但捕食效果不佳，经观察一头捕食天敌 1 d 之间仅能捕 3 ~ 5 头，而且这些捕食性天敌是多食性，我们还没见到对棉铃虫和烟青虫有专食性天敌。另外，从时间上看，烟草已进入成熟中期到后期，天敌种群数量才比较多，因此，作者认为从保护利用天敌到控制这两种害虫还有一定难度。

第三节　小地老虎

四川省植烟区在常见的地老虎种类主要有小地老虎（*Agrotis ypsilon* Rottemberg）、大地老虎（*Agrotis tokicnis* Butler）和黄地老虎（*Agrotis segetum* Schiffermuller）。小地老虎是四川省烟田的主要地下害虫，在烟苗移栽期，主要以大龄幼虫从近地面处咬断烟苗，造成烟田缺苗、断垄。

一、小地老虎在烟田的生活史和生活习性

小地老虎在凉山彝族自治州、攀枝花市、泸州市、宜宾市和广元市植烟区一年可完成 3 个世代，春季越冬代成虫以迁入为主，到秋季很少有蛾滞留本地，以迁出为主，不能在本地越冬（详见表 3–12）。

表 3–12　四川烟田小地老虎年生活史

时间	1～3月			4月			5月			6月			7月			8月			9月			10～12月		
	上	中	下	上	中	下	上	中	下	上	中	下	上	中	下	上	中	下	上	中	下	上	中	下
越冬代		+	+	+	+																			
				○	○	○	○																	
第一代					～	～	～	～	～															
						⊙	⊙	⊙	⊙	⊙														
								+	+	+	+	+												
									○	○	○	○	○											
第二代										～	～	～	～	～										
											⊙	⊙	⊙	⊙	⊙									
													+	+	+	+								
														○	○	○	○							
第三代															～	～	～	～	～					
																⊙	⊙	⊙	⊙	⊙				
																	+	+	+	+	+	+		
物候期	休眠期				移栽期			团棵期			旺长期				成熟期					休眠期				

注：+ 成虫；○ 卵；⊙蛹；～ 幼虫。

在烟田中，小地老虎白天栖息在杂草或土缝中，夜间活动补充蜜露、交尾和产卵，黄昏后活动最盛，有风雨时晚上极少活动。成虫具有较强的趋化性。成虫产卵和寿命长短与温度条件关系密切。在 18 ~ 26 ℃条件下雌虫寿命平均 8 ~ 10 d，雄虫为 10 ~ 14 d，同时在这个温度范围和空气湿度 50% ~ 80% 范围内，一头雌蛾平均产卵 613 ~ 768 粒。卵一般产在烟苗茎基部的茎叶上，以叶背较多，也可产在烟田和周边农田的小旋花、铁苋菜和灰菜等杂草上，还可在土缝中产卵，以疏松潮湿的地块最多。卵期长短因温度而异，春季一般为 5 ~ 6 d，夏季仅 2 ~ 3 d。幼虫，共有 6 龄，三龄以前体形小，食量也小，夜间活动。三龄以后食量大增，进入暴食阶段。白天潜伏于烟株根部或新苗附近地表土下，夜晚出来活动，以晚上 20 ~ 23 时最为活跃。四龄以后，活动范围扩大，除转移危害外，常常因食物不足或环境变化迁移到周边玉米或蔬菜地继续危害。

二、小地老虎越冬代成虫和第一代幼虫在烟田种群数量消长动态

小地老虎越冬代成虫主要从外地迁入，在春季迁入的种群数量消长动态呈双峰型，即于 3 月上旬初见，3 月下旬出现第一个高峰，4 月中旬达到春季第二个高峰，诱捕器中成虫数可达到 17.8 ~ 20.5 头 / 个。第一代幼虫的田间消长动态则为“单峰型”的消长动态，即 4 月中旬孵化，4 月下旬进入卵孵盛期，5 月上旬虫口密度可达到 3.5 ~ 12.4 头 /m^2，其后幼虫密度不断上升，并进入四至五龄盛期，达到全年危害高峰期，5 月中旬后，幼虫密度开始下滑，危害期一直可延续到 6 月上旬（图 3-10）。

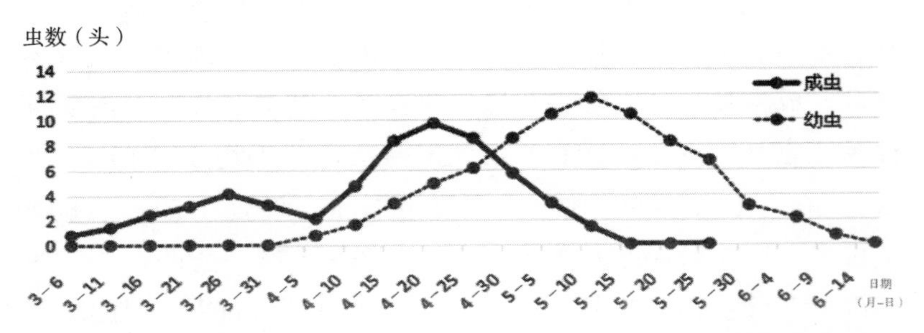

图 3-10　四川烟区小地老虎越冬代成虫和第一代幼虫在烟田种群数量消长动态

第四节　斜纹夜蛾

斜纹夜蛾（*Prodoptera litura* Fabricius）是一种寄生范围极广（90 科 290 种以上）多食性害虫。自 20 世纪 90 年代，斜纹夜蛾在植烟区烟田的种群数量逐渐增多，危害面积不断扩大，危害程度也逐渐加重，特别是在川西南的攀枝花市烟区，川南的宜宾、泸州烟区和川北的广元烟区严重发生和危害，但由于在四川烟区或其他作物上尚未见到有越冬虫态，并不是每年都属爆发式发生和危害，在 2012 年、2013 年和 2014 年，尤其是 2014 年发生都较以前严重，即斜纹夜蛾为一种间歇性爆发性害虫。斜纹夜蛾以幼虫取食烟叶，初龄幼虫群集在叶片上，取食叶肉，使叶片呈细网状；大龄幼虫取食烟叶，造成叶片缺刻或孔洞，发生严重时将叶片吃光，仅留主脉，对烟叶产量造成严重的损失。此外，斜纹夜蛾还可危害花和蒴果。

一、四川烟区斜纹夜蛾种群的变迁

追溯到20世纪50～60年代，四川棉花种植面积较大，主要分布于沱江流域和培江流域，在棉花上每年可以发生5～6代（黑光诱），十字花科蔬菜也是如此，作者通过近年在烟草上调查，观察到在四川烟区发生世代有差异，川南烟区一年可发生5代，但在烟草上只有2代（第三代、第四代）种群数量大、危害重，在川北和川西南烟区一年发生4代的可能性大，在烟草上同样第三代、第四代种群数量大，但总的趋势是烟草旺长期到成熟期种群数量大、危害重。

作者于2012～2014年，在广元市、宜宾市、泸州市和攀枝花市烟田及附近十字花科（甘蓝）蔬菜田调查，均无发现有越冬虫态，9～10月在烟田和甘蓝地还能找到各虫态，但到霜降以后，发现大量死亡，到了小雪以后其幼虫全部死亡。这一调查结果与20世纪50～60年代棉田调查情况基本一致，说明此虫在四川烟区没有滞育越冬现象，因此，作者初步认为，每年虫源可能由南迁飞而来，有待协同调查和进一步研究。

二、斜纹夜蛾种群发育及繁殖

于2014年在成都四川省农业科学院植物保护研究所昆虫实验室内饲养观察生活史（表3-13）：在21～30 ℃变温条件下，卵历期：在21～22 ℃条件下平均为7 d，在21～23 ℃条件下平均为6.5 d，在25～28 ℃条件下平均为2.7 d；幼虫历期共6龄，在21～22 ℃条件下平均为27.3 d，在26 ℃条件下平均为17.5 d，在30 ℃条件下平均为12.5 d。蛹历期：在23～36 ℃条件下平均为 27.3 d，在 28 ~ 30 ℃条件下平均 9.5 d。成虫从晚上 19 时到午夜 1 ~ 1.5 时为羽化时间，其中晚上 19 时为 17.3%，20 时为 29.5 %，21 时为 31.5 %，19 ~ 21 时占全天羽化的 78.3%；羽化后的成虫第三天开始产卵，但也有少量第七天才开始产卵，其中 2 ~ 5 d 产的卵占 93.5%，产卵时间于晚上 20 时至翌日凌晨 3 时，其中晚上 21 ~ 23 时产卵量为 95.3%，产卵期最短 3 d，最长 14 d，其中 5 ~ 7 d，产卵量最多，占 87.5%，在室内（烟叶饲养并加 10%蜜糖），每雌产卵最少 3 块，最多 13 块，

表 3–13　四川烟田斜纹夜蛾年生活史 （2013 ~ 2014 年）

<table>
<tr><td rowspan="2">时间</td><td colspan="3">1 ～ 3 月</td><td colspan="3">4 月</td><td colspan="3">5 月</td><td colspan="3">6 月</td><td colspan="3">7 月</td><td colspan="3">8 月</td><td colspan="3">9 月</td><td colspan="3">10 ～ 12 月</td></tr>
<tr><td>上</td><td>中</td><td>下</td><td>上</td><td>中</td><td>下</td><td>上</td><td>中</td><td>下</td><td>上</td><td>中</td><td>下</td><td>上</td><td>中</td><td>下</td><td>上</td><td>中</td><td>下</td><td>上</td><td>中</td><td>下</td><td>上</td><td>中</td><td>下</td></tr>
<tr><td rowspan="2">越冬代</td><td></td><td></td><td>+</td><td>+</td><td>+</td><td></td><td></td><td></td><td></td><td></td><td></td><td></td><td></td><td></td><td></td><td></td><td></td><td></td><td></td><td></td><td></td><td></td><td></td><td></td></tr>
<tr><td></td><td></td><td>○</td><td>○</td><td>○</td><td></td><td></td><td></td><td></td><td></td><td></td><td></td><td></td><td></td><td></td><td></td><td></td><td></td><td></td><td></td><td></td><td></td><td></td><td></td></tr>
<tr><td rowspan="4">第一代</td><td></td><td></td><td></td><td></td><td>～</td><td>～</td><td>～</td><td>～</td><td></td><td></td><td></td><td></td><td></td><td></td><td></td><td></td><td></td><td></td><td></td><td></td><td></td><td></td><td></td><td></td></tr>
<tr><td></td><td></td><td></td><td></td><td></td><td>⊙</td><td>⊙</td><td>⊙</td><td></td><td></td><td></td><td></td><td></td><td></td><td></td><td></td><td></td><td></td><td></td><td></td><td></td><td></td><td></td><td></td></tr>
<tr><td></td><td></td><td></td><td></td><td></td><td></td><td>+</td><td>+</td><td>+</td><td></td><td></td><td></td><td></td><td></td><td></td><td></td><td></td><td></td><td></td><td></td><td></td><td></td><td></td><td></td></tr>
<tr><td></td><td></td><td></td><td></td><td></td><td></td><td>○</td><td>○</td><td>○</td><td></td><td></td><td></td><td></td><td></td><td></td><td></td><td></td><td></td><td></td><td></td><td></td><td></td><td></td><td></td></tr>
<tr><td rowspan="4">第二代</td><td></td><td></td><td></td><td></td><td></td><td></td><td></td><td>～</td><td>～</td><td>～</td><td></td><td></td><td></td><td></td><td></td><td></td><td></td><td></td><td></td><td></td><td></td><td></td><td></td><td></td></tr>
<tr><td></td><td></td><td></td><td></td><td></td><td></td><td></td><td>⊙</td><td>⊙</td><td>⊙</td><td></td><td></td><td></td><td></td><td></td><td></td><td></td><td></td><td></td><td></td><td></td><td></td><td></td><td></td></tr>
<tr><td></td><td></td><td></td><td></td><td></td><td></td><td></td><td></td><td>+</td><td>+</td><td>+</td><td></td><td></td><td></td><td></td><td></td><td></td><td></td><td></td><td></td><td></td><td></td><td></td><td></td></tr>
<tr><td></td><td></td><td></td><td></td><td></td><td></td><td></td><td></td><td></td><td>○</td><td>○</td><td>○</td><td></td><td></td><td></td><td></td><td></td><td></td><td></td><td></td><td></td><td></td><td></td><td></td></tr>
<tr><td rowspan="4">第三代</td><td></td><td></td><td></td><td></td><td></td><td></td><td></td><td></td><td></td><td></td><td></td><td>～</td><td>～</td><td>～</td><td>～</td><td></td><td></td><td></td><td></td><td></td><td></td><td></td><td></td><td></td></tr>
<tr><td></td><td></td><td></td><td></td><td></td><td></td><td></td><td></td><td></td><td></td><td></td><td>⊙</td><td>⊙</td><td>⊙</td><td>⊙</td><td></td><td></td><td></td><td></td><td></td><td></td><td></td><td></td><td></td></tr>
<tr><td></td><td></td><td></td><td></td><td></td><td></td><td></td><td></td><td></td><td></td><td></td><td></td><td>+</td><td>+</td><td>+</td><td></td><td></td><td></td><td></td><td></td><td></td><td></td><td></td><td></td></tr>
<tr><td></td><td></td><td></td><td></td><td></td><td></td><td></td><td></td><td></td><td></td><td></td><td></td><td></td><td>○</td><td>○</td><td>○</td><td></td><td></td><td></td><td></td><td></td><td></td><td></td><td></td></tr>
<tr><td rowspan="3">第四代</td><td></td><td></td><td></td><td></td><td></td><td></td><td></td><td></td><td></td><td></td><td></td><td></td><td></td><td></td><td></td><td>～</td><td>～</td><td>～</td><td></td><td></td><td></td><td></td><td></td><td></td></tr>
<tr><td></td><td></td><td></td><td></td><td></td><td></td><td></td><td></td><td></td><td></td><td></td><td></td><td></td><td></td><td></td><td>⊙</td><td>⊙</td><td>⊙</td><td></td><td></td><td></td><td></td><td></td><td></td></tr>
<tr><td></td><td></td><td></td><td></td><td></td><td></td><td></td><td></td><td></td><td></td><td></td><td></td><td></td><td></td><td></td><td></td><td>+</td><td>+</td><td>+</td><td>+</td><td>+</td><td>+</td><td></td><td></td></tr>
<tr><td>物候期</td><td colspan="4">休眠期</td><td colspan="2">移栽期</td><td colspan="3">团棵期</td><td colspan="3">旺长期</td><td colspan="7">成熟期</td><td colspan="5">休眠期</td></tr>
</table>

注：+ 成虫；○ 卵；⊙蛹；~ 幼虫。

一头雌虫最少产卵为780粒，最多2 962粒，平均1 983粒，产卵性很强。如果未加糠液的每雌最多能产570余粒，甚至只产数粒（平均7.5粒）。在室内的饲虫网内，产卵多产于自上面向下数的第4、5片叶，占全株叶片上卵量的89.3%，主要产在叶背面的叶脉分叉处，又称为卵窝，可以实施人工摘除卵块的方法，减少其幼虫危害。平均占全叶卵量的95.5%，卵的孵化率在75%～93%，平均87.5%。

三、田间种群消长动态

于烟草团棵期开始至烟叶成熟期，每5 d调查1次，选择具有代表性烟田块，每块5点取样，每点10株，共50株，叶片自心叶向下查，并查每株蒴果，记录卵块数和幼虫数（卵块外覆灰黄蔬菜松绒毛），并设黑光灯诱集成虫，每晚计数头数。（图3-11、图3-12）

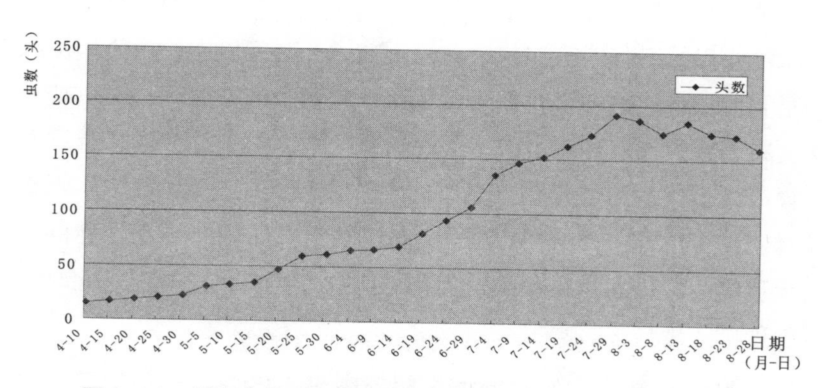

图3-11 斜纹夜蛾成虫数量消长图（盐边2013～2015年）

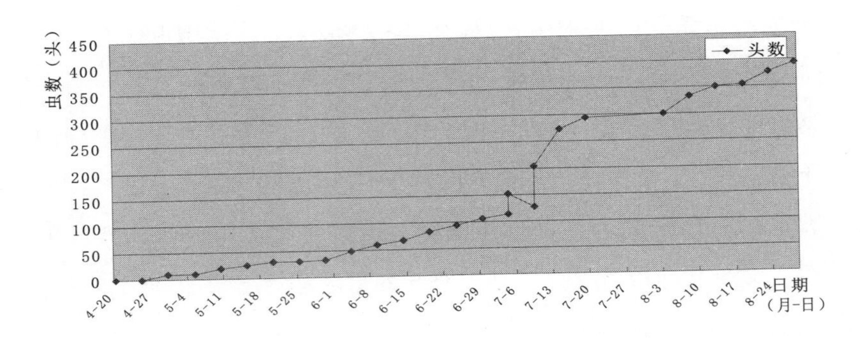

图 3–12　斜纹夜蛾幼虫在烟田的数量消长图（盐边 2013 ~ 2015 年）

在四川烟区的攀枝花市米易、仁和、盐边等地，烟田烟草生长期可发生 4 代，即第二代至第五代。第一代幼虫始见于 4 月中旬，第二代发生在 5 月中旬至 6 月中旬，第三代发生在 6 月中旬至 7 月中旬，第四代发生在 7 月中旬至 8 月中旬，第五代发生在 8 月中旬至 9 月中旬。在烟田第二代幼虫虫口密度还较低时，对烟草的危害主要是第三代、第四代，此时是烟草生长的旺长期至成熟期。发生高峰期在第三代、第四代的 6 月下旬至 8 月上旬。防治要以第三代、第四代为重点，在这个时间段内，正值烟株产量和质量形成的关键时期。到 8 月下旬烟叶陆续收获，害虫缺乏食料，成虫飞迁到附近的十字花科蔬菜地、甘薯地产卵，继续发育成第五代。斜纹夜蛾的发育时期适温较高（29 ~ 30 ℃），相对湿度 90% 左右，有利于斜纹夜蛾发生，所以 7 ~ 9 月种群数量达到全年最高，在蔬菜、棉花等作物上，斜纹夜蛾也是此时段内种群数量最多。

斜纹夜蛾初孵幼虫群集于卵块附近（虫窝），根据这一特点，可采取人工捕捉的方法，消灭幼虫。卵孵化后就近取食叶肉，遇惊扰则分散或吐丝下垂，三龄前幼虫食量小，危害轻。高龄后暴食，咬食叶片成缺刻，仅留叶脉。幼虫大都以傍晚至凌晨或阴天全天危害。吃老叶的幼虫生长慢，吃嫩叶的幼虫生长快。大龄幼虫时期，由于食料不足时，还有迁移危害的习性，在棉花田、蔬菜田常有这种现象，大批幼虫成群迁移至邻近地内觅食。幼虫 6 ~ 7 龄，末龄幼虫入土筑一椭圆形土室化蛹。化蛹深度在 1 ~ 3 cm 深处（蛹体有 1 对强大而弯曲的臀刺，在刺的基部分开，容易识别）。土壤水分过重，田块积水对幼虫化蛹和成虫羽化都不利，根据 2012 ~ 2014 年观察，如果 4 ~ 5 月，雨水稀少，天气晴朗，气温回升快，往往虫害发生早，早期种群数量容易引起大发生，在攀枝花烟田 2014 年种群数量大于 2013 年和 2012 年。因此看出斜纹夜蛾的发生、危害程度有逐年加重的趋势。

四、天　敌

经作者多年调查均未发现有卵寄生性天敌，可能与卵块有绒毛有关。寄生于幼虫和蛹的天敌：斜纹夜蛾盾脸姬蜂 *Metopius rufus browni* Ashmend，单寄生，寄生于幼虫体，得以蛹体羽化；中华星步甲 *Calosoma chinense* Kirby，此虫多适应于夏季多雨，冬季干旱地带，川北烟区和川西南烟区在 7 月、8 月大量发生；黄星蠖螋 *Euborellia pallipes* Skiraki ，捕食大量幼虫，对斜纹夜蛾种群数量有一定的抑制作用。

第五节　暗黑鳃金龟

暗黑鳃金龟（*Holotrichia parallela* Motschulsky）幼虫（俗称蛴螬）是四川省植烟区烟田的主要地下害虫。近年来，随着植烟区土地有机质的增加，土地保育技术的提高，烟田蛴螬在烟苗移栽期的危害呈逐年加重危害的趋势，据作者调查，在攀枝花烟区，蛴螬造成的断苗和死苗可达10%以上，严重地影响烟苗生长。

一、暗黑鳃金龟种群寄主多样性

暗黑鳃金龟分布较广，食性较杂，在四川各地均有分布，其幼虫除取食烟草根部外，还可取食花生、大豆、甘蔗、棉花、麻类等经济作物的根或果荚；其成虫取食桑树、刺槐、檀木、幼柏木、紫穗槐、合欢、冬青、七里香、青杠、榆树、苹果、柑橘、梨树、杨树等乔灌木的嫩叶作为补充营养并造成危害。

二、暗黑鳃金龟生活史

经室内饲养和田间定点观察暗黑鳃金龟在四川植烟区均为一年发生1代，发生期不整齐。产卵期拖得很长：6月中旬在田间可见到产卵，6月下旬田间卵量增多，7月上中旬很少见到产卵。据室内饲养观察，到9月份仍有一些在产卵，这部分个体，可能是造成发生期不整齐的原因。6月底至7月上中旬为一龄幼虫期，7月中下旬为二龄幼虫期，7月底至8月上旬为三龄幼虫期，9月下旬至10月上旬为三龄幼虫盛期，9月下旬至10月上旬三龄幼虫开始下移做土室越冬，11月中旬下移稳定；翌年4月中旬三龄幼虫开始上移化蛹，4月下旬为化蛹盛期，5月上旬为化蛹末期及羽化初期；5月中旬为羽化盛期，5月下旬为羽化盛末期，成虫发生期从5月中下旬开始至7月底或8月初结束，成虫发生始盛期为6月上旬，高峰盛期为6月中旬，盛末期为6月底至7月初。据室内观察，成虫羽化后第三天方可出土寻食，在田间一般要下雨后才能出土寻食。根据室内组建生命表也表明，暗黑鳃金龟种群数量增长，6 月中旬至 8 月中旬为正加速期，8 月中旬后，种群数量开始降低，至 9 月中旬后，种群数量变动趋于平衡。这主要是该虫产卵开始时间为 6 月中旬，6 月下旬达产卵盛期，7 月上旬至 7 月底为一、二龄幼虫期，死亡率突增，至 9 月中下旬，幼虫入土越冬。（表 3–14）

表 3–14　四川烟田暗黑鳃金龟年生活史

时间	1～3月			4月			5月			6月			7月			8月			9月			10～12月		
	上	中	下	上	中	下	上	中	下	上	中	下	上	中	下	上	中	下	上	中	下	上	中	下
虫态	三	三	三	三	三																			
					⊙	⊙	⊙	⊙	⊙															
									+	+	+	+	+	+	+	+	+							
										○	○	○	○											
											一	一	二	二	二	二	二	二	二	三	三	三	三	三
物候期					移栽期				团棵期		旺长期				成熟期									

注：+ 成虫；○ 卵；⊙蛹；一为一龄幼虫；二为二龄幼虫；三为三龄幼虫。

三、暗黑鳃金龟种群发生与温度的关系

作者 2008 ~ 2009 年在成都室内变温条件下饲养 1 000 头暗黑鳃金龟，分别按各个体虫态发育历期平均气温累加，再将总积温进行分组列成次数分布表，根据邬祥光（1994）、丁岩钦（1980）提出的变温条件发育起点温度（C）与有效积温（K）的计算公式 $K=N(T-C)$，进行统计计算，其中 N 为发育日期，T 为累计积温组中值。记载暗黑鳃金龟各虫态发育历期、发育起点温度与有效积温。表明：各虫态发育起点温度以三龄幼

虫最高，蛹为最低。三龄幼虫生活时间为 8 月至翌年 6 月，这段时间只有 18 d 的日均温达三龄幼虫的发育起点温度 24.7 ℃，其余 288 d 的日均温在此温度之下，因此三龄幼虫历期最长。（表 3–15）

表 3–15　暗黑鳃金龟各虫态发育历期、起点温度与有效积温 （2009 年）

项目	卵	一龄	二龄	三龄	蛹	产卵前期	产卵期
发育历期（d）	8.980 8±1.212 5	19.192 3±3.870 6	19.942 3±5.553 4	245.745 1±9.488 6	22.607 8±3.704 5	22.971 4±2.242 7	60.425 3±13.032 7
变幅（d）	7 ～ 11	14 ～ 32	218 ～ 219	16 ～ 17	18 ～ 27	29 ～ 81	
发育起点温度（℃）	14.09	21.44	21.47	24.71	12.69	13.68	
有效积温日度（K）	105.16	47.61	65.42	3 019.33	162.78	148.75	

四、暗黑鳃金龟的主要生活习性

根据室内观察，成虫羽化后，在土内一般有一个 15 d 左右的潜伏期，以便成虫鞘翅角质化和等待有利的出土土壤环境，潜伏时间长短主要受降雨量大小的影响，5 月下旬至 6 月上旬，降雨将会增加土壤湿度，土壤变疏松，有利成虫出土，因而大雨出现的早迟，影响成虫潜伏期的长短，制约成虫发生盛期的出现。在生产实际过程中，在进行该虫发生期、发生量预测时，必须考虑这一因素。成虫为昼伏夜出型，于傍晚 20:20 左右（北京时间）开始出土，10 min 后达出土高峰，在室内出土后，飞向附近的玉米穗节叶、桑树、巴荆、刺槐、黄荆等叶上取食并觅偶交尾。成虫交尾呈直角交尾状，交尾时间可持续 10 ～ 25 min，最长可达 1 h，交尾后雄虫先离去，以后群集取食，直至凌晨 5:30 左右在室内飞向饲养盒内，在田间飞向作物附近及荒坪、田埂，入土 5 ~ 10 cm 潜伏。一直持续 20 d 左右，在晚间用手电筒（以红布护住手电筒玻璃）进行观察。

成虫以取食桑树、刺槐、檀木、幼柏木、紫藕槐、合欢、冬清、青杠、泡桐等乔木嫩叶，主要以取食桑叶为主，室内饲养观察，成虫有隔日出土取食习性，产卵期食叶量占总食叶量的 60% ~ 65%。

成虫卵巢发育成熟时间需 23 d 左右（产卵前期），成堆散产。有趋嫩绿、趋茂密、趋高台位和取食后就近产卵的习性。室内以桑叶饲养观察，每雌一生产卵 3 ~ 130 粒，平均 31.68 粒。经室内观察，成虫取食种类与产卵量无差异。

据田间随机采集（夜 20:00 ~ 24:00，于手电筒捕捉）和室内饲养 550 头成虫鉴别，雌雄比例为 1 ： 0.88。

成虫有隔日出土习性，出土日与非出土日的虫量相差极大，作者在攀西用黑光灯（20 W）诱集作为依据，并于夜间（20:30 ~ 22:30）观察记载。（图 3–13）

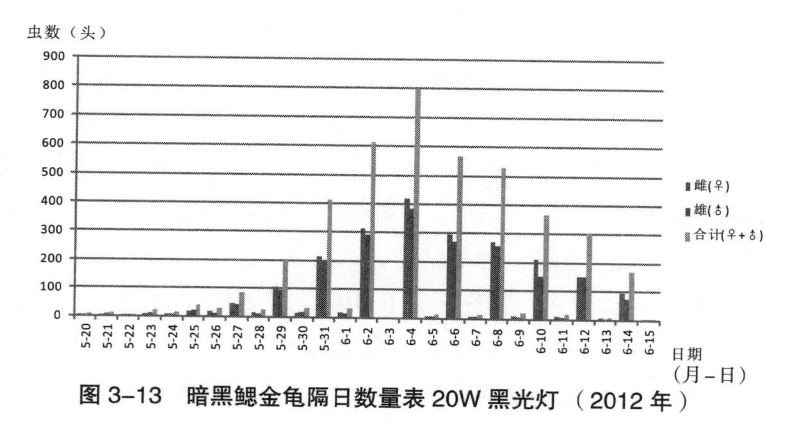

图 3–13　暗黑鳃金龟隔日数量表 20W 黑光灯 （2012 年）

3月夜间下雨，当晚基本未诱集到成虫，而6月4日诱集到成虫500头（雌虫415头、雄虫385头）是当季黑光灯单个诱集最多的一个夜晚。占全黑光灯诱集期的（4 372/8 000）18.29%。在6月4日以后双日出土数量又较单日出土数量多，因此作者认为暗黑鳃金龟等金龟子成虫有隔日出土的现象。

产卵于烟株窝穴下5 ~ 10 cm深的土内，初产时为白色，长椭圆形，孵化时近球形，透过卵壳可见虫体，卵孵化率近100%。

暗黑鳃金龟幼虫为3龄，经饲养观察（2010 ~ 2011年），一龄死亡率16.04%，二龄死亡率为8.47%，三龄死亡率最高，为55.48%，其死亡机理不明，有待进一步研究。

幼虫为暗黑鳃金龟地下危害虫态，初孵幼虫取食卵壳，一龄幼虫取食土内有机质和作物幼根，二龄幼虫开始蛀食烟根，三龄幼虫进入危害盛期，此时期也是烟株成熟期，因此对产量损失不大，在苗期幼虫咬断主根使烟株枯萎死苗，但数量不大，危害不是很严重。

五、暗黑鳃金龟种群的分布

垂直分布：生长期幼虫（7月至9月上中旬）集中在0 ~ 10 cm土深内，据田间调查占总虫量的90%以上，11 ~ 20 cm土内仅占10%左右，生长期幼虫集中深度与烟株根部位一致，有利于幼虫的取食危害；收获期后，10月上旬幼虫开始下移，做土室进入越冬状态，入土深度与土层厚薄有关，土层越厚，入土越深，越冬深度在10 ~ 50 cm，平均为27 cm左右，其中以26 ~ 40 cm居多，约占90%，与其他虫种相比暗黑鳃金龟越冬幼虫入土最深，因而受农事活动及气候条件的干扰影响小，可能也是该虫种形成优势种的原因之一。

生态分布：暗黑鳃金龟的分布及种群数量变化因地理位置、植被状态、品种类型、耕作方式的不同而有差异。在烟田四周种植有成虫寄主植物，如桑树、刺槐、幼柏树较多的烟地，亩虫卵密度较没有种植成虫寄主的花生地高 3.5 ~ 4.0 倍。这是因为寄主植物多，诱集成虫多，且成虫营养充足，成虫又有就近产卵的习性，因而造成作物田内虫卵密度大。

据在攀枝花、广元、宜宾和泸州烟区烟叶收获后调查，幼虫数量一台地占 6%，二台地占 38.1%，三台地占 55.9%，在同一走向的台位，一般随台位的增高，土质沙性增强，通透性好，成虫有选择通透性好的土壤产卵的特性，因而这类土壤虫口密度大。

六、暗黑鳃金龟种群数量动态

根据在盐边 4 ~ 8 月定 10 株烟田附近的洋槐上每双日捕捉金龟子调查表明，暗黑鳃金龟成虫始发期 5 月下旬，6 月上中旬达最高峰，8 月上旬为终末期。结合降雨量分析，成虫的发生常受前 2 ~ 3 d 降雨量大小的制约，常常在大雨后的 2 ~ 3 d，出现成虫上树突增的规律。因此，5 月上中旬雨水来临的迟早，制约着成虫出土的迟早，5 月下旬至 6 月份降大雨否，是影响成虫发生高峰期的重要因素。（图 3–14、图 3–15）

幼虫调查，暗黑鳃金龟幼虫在土内的种群数量消长如图 3–15。表明：在一龄幼虫阶段的 6 月底至 7 月上中旬种群数量较高，而进入二龄幼虫阶段的 7 月中下旬种群数量略有下降，进入三龄幼虫阶段的 7 月底至 8 月上旬种群死亡率特别高，9 月中旬后幼虫种群数量变动趋于平稳。这与室内饲养一、二龄幼虫自然死亡率不大，三龄幼虫死亡率很大的结论相一致。经室内在自然变温条件下组建生命表也表明，暗黑鳃金龟各年龄阶段的生命期望值（e_x）以卵期为最大，产卵期最小。生命期望值随发育的曲线为“S”形，各年龄阶段的死亡率（q_x）以三龄幼虫最大，卵期最小。整个世代的净增殖率 $R_0=\sum l_x m_x=2.2277$，即可产生 2.227 7 个后代，种群数量呈增长趋势。

成虫从产生第一粒卵到最后一粒（♀ ：♂ =1 ：0.88）为 90 d 左右，平均历期为 60.425 3±13.032 7 d，成虫产雌卵（m_x）有两个高峰期，成虫死亡率（q_x）在产卵初期较小，到产卵 70 天后死亡率加大。

种群净增殖率 $R_0=\Sigma l_x m_x=2.2277$，雌性子代出生时母体年龄 $T=\Sigma l_x m_x/R_0=75.3902$，故种群室内增长率为 $r_m=\ln R_0/T=0.0106$，周限增长率 $\lambda=e_{rm}=1.0107$。

上述结果表明，在室内自然温湿条件下，暗黑鳃金龟的瞬时出生率和死亡率之差为 0.010 6，周限增长率为 1.010 7，雌性母体的平均年龄为 75 d，1 个世代的增殖倍数为上代数量的 2.227 7 倍。若种群增长 1 倍，当满足 $N_{t+1}/N_t=2$，即 $e_{rm}=2$ 则 $t=\ln 2/r_m=65.3868$，即在成虫产卵期，65 d 种群可增殖 1 倍。

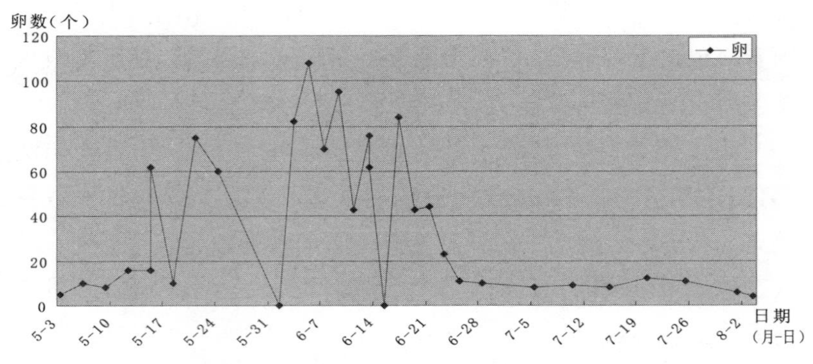

图 3-14 暗黑鳃金龟数量消长动态

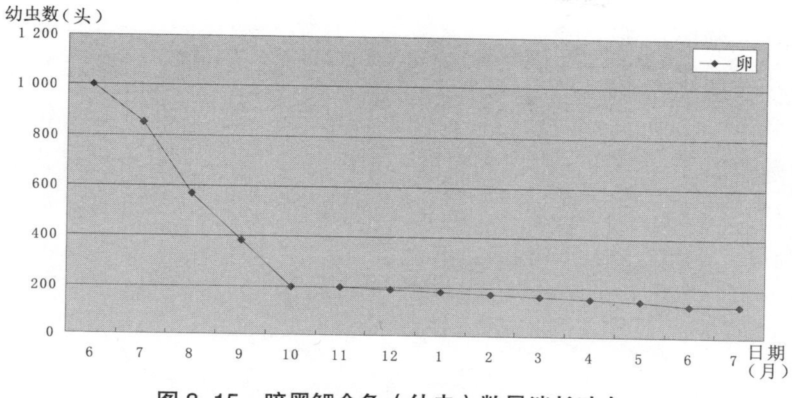

图 3-15　暗黑鳃金龟（幼虫）数量消长动态

暗黑鳃金龟的发生数量，一般取决于越冬基数的多少，或同成虫产卵期和幼虫孵化期的降雨量有关系。降雨量的多少关系到土壤含水量的大小，土壤含水量高，卵的孵化率低，幼虫死亡率就大，尤其初孵幼虫至二龄期，死亡率较高。在室内进行初步研究，得出一个结论：分别将卵粒接进含水 10%、12%、14%、16%、18% 和 20% 的土壤中，其卵粒孵化率分别为 63.5%、71.5%、81.3%、35%、11%、1.0%，初龄幼虫其存活率分别为 61.5%、72.5%、85.9%、25.4%、21.5%、0.00%。在田间的情况，通过多地观察，如果在团棵期至旺长初期有 2 ~ 3 次较强降雨（雨量 100 mL 以上）和低洼地暗黑鳃金龟等多种地下害虫数量少，危害较轻。

七、暗黑鳃金龟幼虫在烟田土壤中的上、下移动规律

暗黑鳃金龟幼虫在烟田土壤中的移动与气温呈显著正相关，即随气温的升高而上移取食危害，随气温的下降而下移栖息越冬。其中：向下移动的规律：9 月上中旬，烟叶收获后，随

着气温的逐渐下降，二、三龄幼虫开始在烟株的 5 ~ 10 cm 深处，向下移动，11 月中旬下移至 20 ~ 40 cm，12 月中旬下移至 30 ~ 50 cm 处开始越冬；向上移动的规律：翌年 3 月上旬，随着温度的上升，当地表温度＞ 10 ℃时，越冬幼虫出蛰开始上移，到 3 月下旬至 20 ~ 30 cm，4 月上中旬升至 5 ~ 10 cm 处，开始危害并化蛹。（图 3–16）

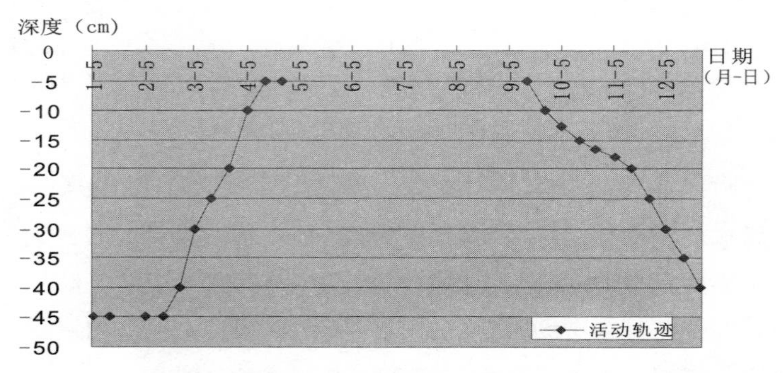

图 3–16　四川烟田暗黑鳃金龟幼虫在烟田土壤中的上、下活动轨迹

第六节　铜绿丽金龟

一、铜绿丽金龟主要习性

采用室内饲养和田间调查相结合的方法饲养结果表明：铜绿丽金龟（*Anomala cntigue* Ggllenhai）在四川各烟区均一年发生 1 代，以三龄幼虫越冬。在四川攀枝花烟区，5 月下旬成虫开始出土活动，6 月间为成虫出土盛期。成虫刚羽化时，除头、前胸背板、小盾片及足的色泽较深，前翅为浅白色，腹部胀大，4 h 后腹部近于正常大小状态，前翅色泽逐渐变成铜绿色。羽化成虫仍然在土中停留 2 ~ 3 d 方能出土，日落后开始出土，出土后即可交尾，到了夜晚 8：00 时左右交尾完毕，然后取食补充营养，一直取食到黎明时分，又潜伏于烟株下栖息植株，潜伏土壤深度多在 3 ~ 6 cm。成虫食性杂、食量大。成虫一般有多次交配习性，交配时间一般 1 h 左右，交配形式为内角式（有的金龟子交配为直角式），有假死性，成虫为昼伏夜出，在调查时发现的铜绿丽金龟很少有单个个体行为，20:00 ~ 22:00 时都存在交尾状况，因此用手电筒捕捉时，雌雄交尾的首当其冲。

成虫产卵期平均为 10.5 d，产卵主要以夜间为主，占全天产卵量的 61.5%，每雌一生可产卵 63 ~ 109 粒，平均 61.5 粒，产卵土层深度主要集中在 3 ~ 10 cm 处，其中于 0 ~ 3 cm 占 15.5%，3 ~ 5 cm 占 25.6%，5 ~ 10 cm 为 58.9%。卵的孵化率较高，在气温 20 ℃时，土壤含水在 5% ~ 15% 条件下可达 100% 的孵化率（表 3–16）。

表 3–16　铜绿丽金龟各虫态历期（2013 ~ 2014 年）

卵期	幼虫期	蛹期	雌成虫期	全时代
7 ～ 12 d 平均 10.5 d	一龄 15 ～ 23 d 平均 20.3 d 二龄 13 ～ 25 d 平均 20.5 d 三龄平均 268.2 d （含越冬期）	7 ～ 11 d 平均 9.3 d	雌 27 ～ 33 d 平均 25.5 d 雄 17 ～ 29 d 平均 19.3 d	365 ～ 373 d 平均 368.5 d

不同食物对雌成虫产卵的影响：取食洋槐树叶平均（下同）60.2 粒 / 头，取食桑叶 73.5 粒 / 头，取食玉米叶 33.1 粒 / 头，取食烟叶 6 粒 / 头。卵粒孵化后为乳白色，静伏 30 ~ 45 min 方可爬行，1 d 后，可进行大的迁移活动。

二、铜绿丽金龟田间种群发生动态

成虫 5 月下旬出土，于 6 月下旬达数量高峰，从烟株生育期看，团棵期初见，旺长期数量大增。图 3-17 为铜绿丽金龟成虫灯下数量消长图，图中可见，铜绿丽金龟有隔日出的现象，这一现象是金龟子科的共性，尤其暗黑鳃金龟更为明显。

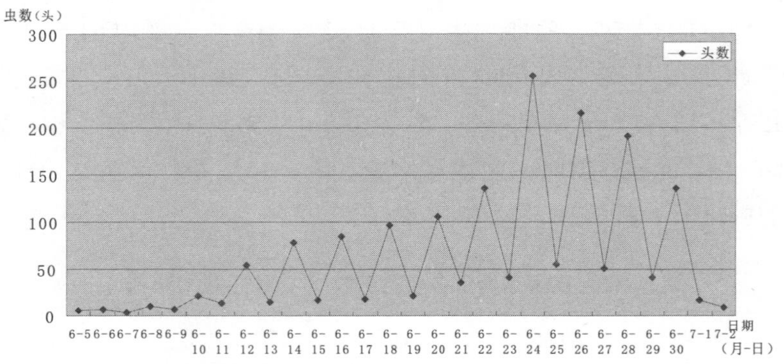

图 3-17　铜绿丽金龟成虫灯下数量消长　（2013 ~ 2015 年）

铜绿丽金龟幼虫在土壤中的垂直活动规律：7 ~ 8 月烟叶成熟期间 100% 为二龄发育阶段，全部在土壤中 5 ~ 10 cm 深处活动，烟叶收获后，10 月均为三龄幼虫发育阶段，向土壤下层迁移，这时活动范围分布在 11 ~ 25 cm ，到立冬后的 11 月上中旬，又往下迁，深度超过 60 cm ，此阶段的分布范围基本固定，不再往下层迁移，到第二年春季土层 10 cm 范围温度在 5 ~ 8 ℃时，越冬幼虫开始活动，到惊蛰以后，绝大多数幼虫又向上迁移到 26 ~ 40 cm 土层，4 ~ 5 月，烟草移栽后，幼虫全部上迁至土层 10 ~ 25 cm，5 月份幼虫栖息于 5 ~ 10 cm 土层化蛹，6 月上旬左右，有少数成虫羽化开始出土。

第七节　东方蝼蛄

蝼蛄是我国农田旱作主要的地下害虫类群之一，四川省植烟区主要以东方蝼蛄（*Gryllotalpa orientalis* Burmeister）为主。蝼蛄以成虫和若虫在土地中咬食烟种、幼根及幼茎，将根茎部咬成乱麻状，使烟苗发育不良或枯死。尤其利用前足在土表层开掘隧道活动，将烟苗根土分离，失水而死，甚至断根和地下茎，造成缺苗断垄。

一、东方蝼蛄生活史

东方蝼蛄在凉山彝族自治州、攀枝花市、泸州市、宜宾市和广元市等植烟区一年发生 1 代，主要以成虫、若虫在烟田土壤中做土室越冬，土室深度 20 ~ 40 cm。（表 3-17）

表 3-17　四川烟田东方蝼蛄生活史（2012 ~ 1013 年）

时期/代别	1月			2月			3月			4月			5月			6月			7～9月			10～12月		
	上	中	下	上	中	下	上	中	下	上	中	下	上	中	下	上	中	下	上	中	下	上	中	下
越冬代	+	+	+	+	+	+	+	+	+	+	+	+		+										
第一代											○		○	○	○		○	○						
													~	~		~	~	~	~	~	~	~	~	~
														+		+	+	+	+	+	+	+	+	+

注：+ 成虫；○卵；~ 若虫。

二、东方蝼蛄若虫在土壤中的上、下移动规律

东方蝼蛄在四川烟区土壤中一年的生活周期分为下列六个阶段（图 3–18）：

（1）冬季越冬休眠阶段：10 月下旬随着温度的下降（平均温度在 6 ～ 7 ℃时），东方蝼蛄下移至土层 20 cm 左右处做土室越冬，至翌年 2 ～ 3 月，为越冬阶段。

（1）春季苏醒阶段：3 月下旬至 4 月上旬，当平均气温回升到 3 ～ 6 ℃，20 cm 深处土温在 3 ～ 6 ℃时，东方蝼蛄即开始活动。清明节后，越冬成虫、若虫头部扭转向上，进入表土层活动，洞顶有一小堆新鲜虚土，根据这一特征，可作为春季调查虫口密度的标志。

（3）出窝迁移阶段：4 月中旬左右，当旬平均气温在 12 ℃左右，20 cm 深土层温度达到 12 ～ 13 ℃时，地面出现大量虚土隧道，标志着越冬虫态已出窝迁移。

（4）严重危害阶段：5 月中旬到 6 月中旬，旬气温在 17 ～ 20 ℃，越冬后成虫和长大的若虫在这一时间段内取食量最大，烟苗受害最严重，这也是全年生活周期危害最严重的阶段，甚至造成缺苗断垄的现象。

（5）越夏产卵阶段：6 ～ 8 月，天气炎热，越冬后若虫已变为成虫，进入土壤深处，越夏并产卵繁殖。据田间卵量调查，这段时间内是田间卵量最多的时段，大约要占全年的 80% 以上。

（6）秋季危害阶段：9 ～ 10 月（立秋后），随着气温逐渐下降，东方蝼蛄新羽化成虫和新孵化的若虫长至三、四龄，待取

食进补，为越冬做准备，因此这一阶段烟田秋播作物受害严重。随着气温的进一步下降，东方蝼蛄逐渐向土壤下层迁移，进入土壤深度在 40 cm 左右，到 11 月（立冬）以后则停止取食，全部进入越冬阶段。

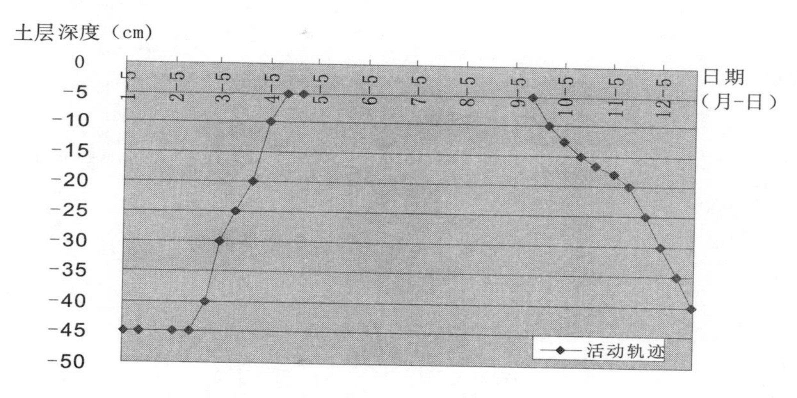

图 3-18　四川烟区东方蝼蛄在土壤中的上、下活动轨迹

三、东方蝼蛄成虫在烟田种群数量消长动态

东方蝼蛄成虫在烟田的种群数量消长动态为“双峰型”，即 4 月上中旬烟田东方蝼蛄成虫初见，随着烟苗的移栽，从 4 月下旬至 5 月中下旬种群数量迅速增加并达到危害高峰，造成烟田烟苗大量断苗和死苗；从 6 月中下旬至 8 月下旬东方蝼蛄进入产卵期，成虫种群数量急剧下降，到 9 月上中旬东方蝼蛄若虫、成虫又大量出现，进入第二个危害高峰，此时主要危害烟田收获后的秋播作物。到 10 月中下旬成虫的种群数量逐渐减少，到 11 月上中旬成虫进入越冬状态。（图 3-19）

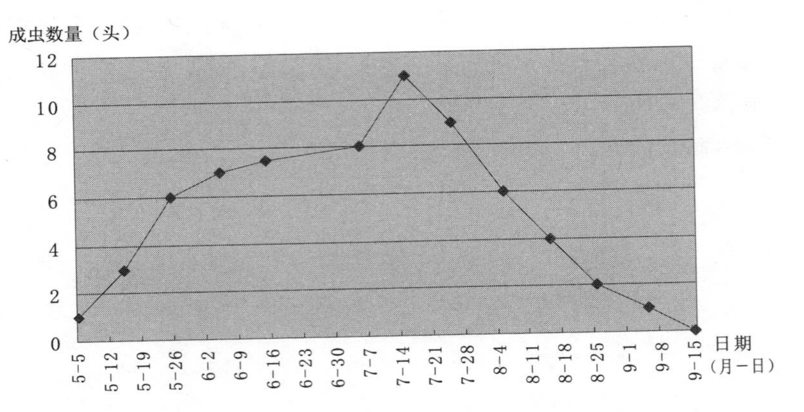

图 3-19　四川烟区东方蝼蛄在烟田种群数量消长动态

第八节　中华土甲

中华土甲（*Gonocephalum Sinicum* Reichardt）成虫和幼虫均可危害烟草，是烟苗移栽期和还苗期的重要地下害虫，在四川省植烟区属区域性严重发生和危害的地下害虫，主要在攀枝花市米易县、盐边县等烟区发生和危害，在烟苗移栽期造成大量的断苗和死苗，可达 20% 以上。

一、中华土甲年生活史

中华土甲在攀枝花市植烟区一年发生 1 代，以成虫在烟田土壤中及杂草、落叶下越冬，越冬深度 10 ~ 30 cm。成虫历期 245 ~ 301 d，平均 285±5.5 d。卵历期 12 ~ 20 d，平均 16±3.42 d。幼虫历期 21 ~ 33 d，平均 26±2.4 d。蛹历期 8 ~ 14 d，平均 10±1.5 d（表 3-18）。

中华土甲主要以成虫危害烟苗，烟叶和茎受害后呈现大小不一的缺口，成虫喜干燥，一般栖息在旱地，特别是地边、草丛中。成虫主要取食烟草、豆荚、瓜类等农作物。成虫只在土面爬行，不飞翔，在土中产卵，惊扰有假死现象。

表 3–18　攀枝花市植烟区中华土甲年生活史

时间	3月			4月			5月			6月			7月			8月			9月			10～12月		
	上	中	下	上	中	下	上	中	下	上	中	下	上	中	下	上	中	下	上	中	下	上	中	下
虫态	+	+	+	+	+	+	+	+	+	+	+	+	+											
											○	○	○											
												～	～	～										
														⊙	⊙	⊙								
																+	+	+	+	+	+	+	+	+
物候期						移栽期 4月下旬至5月上旬			团棵期 5月中旬至6月上旬			旺长期 6月中旬至7月中旬			成熟期 7月下旬至9月中旬									

注：+ 成虫；○ 卵；⊙蛹；～ 幼虫。

二、中华土甲成虫在烟田土壤中的上、下移动规律

中华土甲成虫在烟田土壤中的移动与气温呈显著正相关关系，即随着气温的升高而上移取食危害，随着气温的下降而下移栖息越冬。其中：向下移动的规律：9月中下旬烟株收获后，成虫在烟株根际 1 ～ 6 cm 处开始下移，11月上中旬下移至 15 ～ 25 cm 处，12月上旬下移至 20 ～ 30 cm 处越冬；向上移动的规律：翌年 3 月中旬，当地下 10 cm 深度温度＞ 12 ℃时，越冬成虫开始出蛰向上移动，4月上旬上移至 20 ～ 10 cm 处，4月下旬至 5 月上旬上移至土层 1 ～ 5 cm 烟株根际危害，并产卵。（图 3–20）

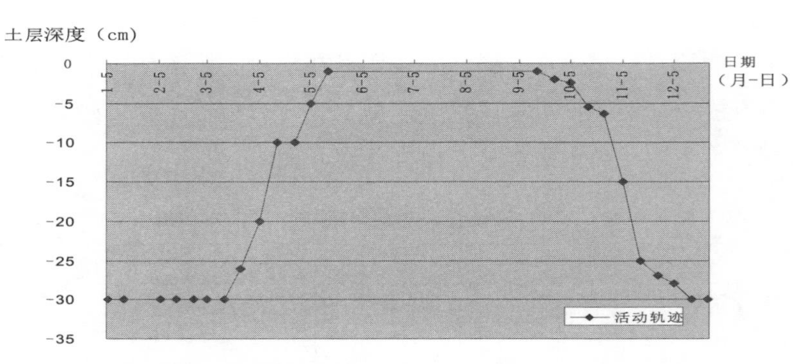

图 3-20　中华土甲成虫在土壤中的上、下活动轨迹

三、中华土甲成虫在烟田种群数量消长动态

中华土甲成虫在烟田的种群数量呈现为“双峰型”的消长动态，即 2 月中下旬成虫初见，随着气温的升高种群数量逐渐增加，4 月中下旬达种群数量第一个高峰，然后种群数量逐渐减少，到 8 月上中旬达种群数量第二个高峰，到 10 月上中旬种群数量逐渐下降，到 11 月中下旬进入越冬状态。（图 3-21）

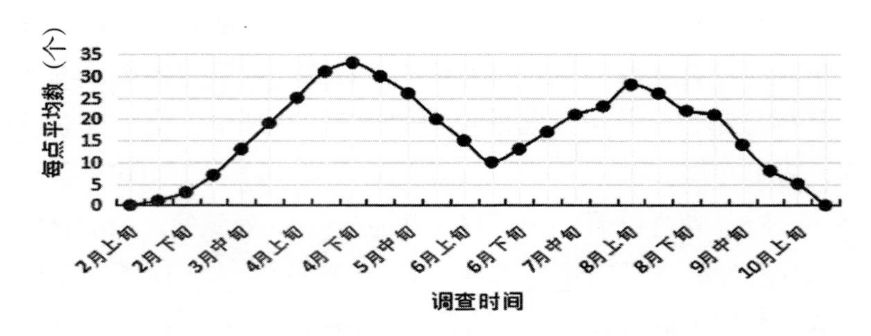

图 3-21　中华土甲成虫在烟田种群数量消长动态

第九节　烟潜叶蛾

烟潜叶蛾（*Phthorimoen opereiiella* Zeller）是四川省植烟区烟草主要在生长中后期发生和危害的食叶害虫。在广元烟区发生和危害较为严重。主要以幼虫危害烟苗和成株烟叶，幼虫潜食幼苗顶芽或幼嫩部分，致嫩芽和叶芽枯死，大田成株期幼虫多集中在烟株脚叶下蛀食，仅剩下两层表皮。危害初期被害烟叶上呈丝状弯曲隧道、不规则，后逐渐扩大连成一片透明叫“亮沧”叶，沧内堆积有黑色虫粪。

一、烟潜叶蛾生活史和主要生活习性

在四川省植烟区一年发生5～6代，其中川南烟区和川东烟区一年发生6代，川西南烟区一年发生5代，均以幼虫及少量蛹在烟田残枝落叶中、田地烟秆堆及残留田间的马铃薯块上或马铃薯田内残株败叶中越冬，由于烟潜叶蛾第一寄主是马铃薯，所以室内主要在马铃薯块和墙壁缝隙处越冬。越冬代成虫于1月中旬至2月中旬之间，主要危害春马铃薯，即在越冬茬烟新萌发的杈芽上活动和生活。同时也危害烟苗。自第二代起，幼虫危害大田生长期烟叶，到9月份烟叶收获后的各代幼虫在烟草残叶上生活和活动。

成虫，白天潜伏在烟株脚下、地面或烟田边的杂草内，夜间活动，受惊迅速飞去，但飞翔能力不强，具趋光性。

成虫羽化后1～2d交尾即可产卵，每一雌虫可产卵80～100粒，最多可产128粒，主要产在烟株脚叶的正面和背面的主脉、皮支脉附有泥沙处，有的产在土缝中，也有的产在叶柄部位、液芽及茎秆上，室内主要产在马铃薯块的芽眼、破皮、裂缝中。卵孵化率较高，室内孵化为 91% ~ 98%，年均孵化 95.5%，田间孵化为 81.5% ~ 97.3%，年均孵化 90.5%。初孵幼虫脱离卵壳后（即行动于叶片或茎块上）过 20 ~ 50 min，开始蛀入叶内，在上、下表皮之间取食叶肉，被害叶易被风折断，随着虫龄不断增加，虫道也不断扩大而形状不一，蛀的颜色也不断变化，由白色逐渐变成深褐色。幼虫老熟后，选择干燥处的地面、脚叶或烟茎、残枝干叶内作茧生蛹。幼虫耐饥能力很强，故而幼虫可以远距离传播。烟潜叶蛾发生与耕作条件有密切关系，连作烟地或前作为马铃薯地，由于食料充足，虫源丰富，一般烟潜叶蛾发生早，危害重；靠近水稻的烟田或水稻烟草轮作的烟田受害轻；而连作烟地受害重。

二、烟潜叶蛾幼虫在烟株的空间动态

烟潜叶蛾幼虫在烟株上为聚集分布型（表 3–19），其聚集度不随种群度增加而变化，这与成虫对营养条件、环境条件的选择有关。在同一烟株上，烟潜叶蛾幼虫聚集分布主要在烟株下部叶片，但也有聚集和随机分布在上、中部叶片，而随机分布则主要集中于中部叶片，所以在烟田内潜叶蛾幼虫集中分布在下部脚叶危害。2012 ~ 2013 年在四川各大烟区调查发现：下部脚叶的种群数量占 89.5% ~ 93.1%，平均 91.5%，这一研究结果与实际调查相同。根据烟潜叶蛾幼虫在烟株上的垂直分布特征，采用序抽样按 0.2 头 / 叶为阀值密度，选在烟草旺长期调查每块烟田（5 点取样）烟株下部脚叶（1 ~ 4 片）的虫量和 10 ~ 15 株（5 片顶叶）的虫量。研究种群的空间分布，是抽样技术的理论基础，这对研究害虫种群生物学、生态学特性具有重要指导意义，也是指导害虫防治的具体方法。药剂防治烟潜叶蛾重点喷下部脚叶，即可减少施药量和降低对烟叶的污染。

表 3-19　烟潜叶蛾在烟株叶片上的分布

部位	日期（月 - 日）											合计
	6-20	6-25	6-30	7-05	7-10	7-15	7-20	7-25	7-30	8-04	8-09	
上部叶	0	0	0	0	0	0	0	0	0	0	0	0
中上部叶	0	0	0	0	0	0.03	0.01	0.01	0.02	0.01	0	0.07
中部叶	0	0	0.9	0	0	1.75	1.79	1.66	2.22	1.86	0.2	1.21
中下部叶	8.99	7.97	7.80	7.89	7.06	8.01	6.33	6.53	7.19	6.80	8.83	7.48
下部叶	91.01	90.03	91.30	92.71	92.92	90.14	91.78	91.81	90.57	91.33	90.97	91.24

注：平均虫数（个）。

第十节　烟蛀茎蛾

烟蛀茎蛾（*Scrobipalpa haliopa* Lower）近年来在四川省植烟区，特别是泸州市和宜宾市烟区呈逐年加重发生和危害的趋势，主要以幼虫经烟叶的主脉蛀入烟茎顶端或生长后期的腋芽，受害处肿大至虫瘿，俗称“大脖子”。

一、烟蛀茎蛾生活史和主要生活习性

在四川植烟区一年发生 3 ~ 4 代，以幼虫和蛹在烟田残株或堆放的烟茎内越冬，翌年 3 月越冬幼虫危害烟苗，但数量少，4 月越冬蛹羽化，成虫在早烟田烟株上产卵，第一代幼虫于 5 ~ 6 月出现，第二代幼虫发生于 6 月下旬和 7 月中旬，第三代幼虫发生于 8 ~ 9 月，第四代幼虫发生于 9 月、10 月。10 月份以后，第三代蛹和第四代蛹开始越冬。

成虫白天潜伏，夜晚活动，有弱趋光性。羽化后即能交尾，交尾次日即能产卵。卵多散产于烟叶背面，每头雌蛾可产卵 28 ~ 220 粒，平均 75 粒。幼虫孵化后经数分钟至数十分钟，即可潜入烟叶组织危害，可沿支脉蛀入主脉，又沿主脉蛀入茎部。幼虫活动性小，很少迁移，一般不能转移危害，即使烟株死亡，幼虫仍留在烟株内取食，老熟后即在原处咬一圆形羽化孔，结白色薄茧化蛹。

烟株于返苗期，一般受害后 7 d 左右茎端出现“大脖子”虫瘿。在烟株旺苗期后茎受害，一般“大脖子”虫瘿不明显或略有椭圆形突起，但受害烟株明显矮小于健康株。幼虫老熟后在烟茎、侧芽、叶片主脉内向外咬一圆形羽化孔，在其内结白色薄茧化蛹。成虫羽化后冲破羽化孔薄茧向外爬出，在田间可根据这一特点，即羽化孔薄茧是否破裂来判断成虫是否羽化。

作者在室内饲养观察，各虫态期（仅饲养一个世代资料）的卵历期，温度在 20 ~ 25 ℃条件下为 4 ~ 7 d，幼虫历期在 21 ~ 26 ℃条件下为 17 ~ 21 d，蛹历期在 22 ~ 26 ℃条件下为 6 ~ 13 d，成蛹期寿命在 20 ~ 25 ℃条件下为 4 ~ 15 d。

以 6 ~ 7 月份发生较多。宜宾市和泸州市及广元烟区主要在 5 ~ 6 月发生，危害旺长期烟株。被害严重的烟田，一支虫伤株茎内幼虫最少有 1 ~ 2 头，最多可达 3 ~ 4 头。

二、烟蛀茎蛾发生与环境的关系

烟蛀茎蛾发生与气温关系密切。由于该虫是喜温性害虫，故气温较高的年份或地区，发生危害较严重。据调查，每年平均温度在 17 ℃以上的烟区，烟蛀茎蛾发生危害都比气温较低的烟区严重，如川南烟区比川东北烟区和川西南烟区发生严重。发生危害与土壤湿度、栽培管理也有很大关系。一般管理粗放，水分不足的苗床，受害必重；而管理细致，经常保持湿润的苗床，受害就轻。苗床期和移栽初期雨水多，烟蛀茎蛾发生较少。地势低洼，水分充足，土壤常保持湿润的烟田发生就轻，土壤较干燥的发生严重。春早温暖的年份就重，反之发生较轻，早播、早移的烟田发生也往往较重。

第十一节　四川植烟区烟田其他害虫

烟田其他害虫主要包括斑须蝽、烟盲蝽、烟蓟马、烟粉虱、野蛞蝓等，它们在四川省植烟区局部区域发生和危害，其发生特点及危害情况详见表 3-20。

表 3-20　四川植烟区烟田一般性害虫主要发生特点及危害情况

害虫名称	主要发生特点及其危害情况
斑须蝽（又称细毛蝽） *Dolyconis baccanm* Linnaeus	一年发生 3 ~ 4 代，以成虫在烟田杂草、枯枝落叶、根际等处越冬，第一代成虫产卵在烟苗上，第二代产卵在大田烟株上，第三代产卵在留种烟和其他作物上。卵一般产在烟株叶片、叶基部、嫩茎、花序、枝梗、花萼、花和蒴果上，尤其以烟株上部叶片正面、嫩茎和嫩果上较多。初孵幼虫多集中于卵壳上，2 ~ 3 d 后蜕皮 1 次，喜群集危害。成虫和若虫刺吸烟株顶部嫩叶、嫩茎汁液，受害部呈现水渍状萎蔫，严重时上部或顶部茎叶萎蔫

续表

害虫名称	主要发生特点及其危害情况
烟盲蝽 *Cyrtopeltis tenuis* Reuter	一年发生4代，以成虫越冬。越冬成虫于翌年4月中旬开始活动。4月下旬至5月上旬产卵。6月为第一代，7月为第二代，8月为第三代，第四代于9月出现，危害作物。卵主要产于叶片主脉两侧，产卵处有凹陷。成虫性活泼，遇惊即逃逸，多在清晨和傍晚活动。成虫产卵于烟株中部、叶片背面的主脉两侧或叶柄表面下。初孵若虫多栖于叶背，主脉两侧，稍大后活泼。成虫、若虫刺吸烟株上部嫩叶，使叶片提早脱落。严重时被害植株失绿、发黄、枯萎。7 ~ 9月在烟田数量较大
烟蓟马 *Thrips tabaci* Lindeman	危害烟草的蓟马种类多，主要以 *Thrips tabaci* Lindeman and *Friankciniella intonsc* Fygbom 为主。烟蓟马在川南一年内发生10代左右，以伪蛹、成虫或若虫在烟、棉、葱、蒜等叶梢内侧或田间杂草落叶下、土内以及菜窖内越冬。越冬虫态于早春葱、蒜苗返青时开始活动危害，后迁往多种早春作物和杂草上，待烟苗出土后，陆续危害烟苗，6月下旬以后虫量下降。成虫性活泼，能飞善跳，怕阳光，昼夜多在叶背及叶腋间危害，阴天或夜间则在叶面取食，能以孤雌生殖。成虫产卵于叶背表皮内，每头雌虫产卵20 ~ 100粒。一至二龄若虫有群集性，活动性较差。叶片被害后，正面出现银白色小凹点，称为“白脉”。受害烟苗生长缓慢，烟株生长点被破坏，叶片肥肿畸形，烟草花期受害，种子不能成熟。二龄若虫成熟后钻入土内，经过两次蜕皮变为伪蛹，不食不动，最后变成成虫。烟蓟马喜干旱气候，一般在25 ℃以下、相对湿度60%以下时，发生较重

续表

害虫名称	主要发生特点及其危害情况
烟粉虱 *Bemisia tabaci* Gennadius	一年发生10代左右，成虫和若虫均能危害。幼虫危害最严重，吸食烟叶及嫩茎汁液。叶片呈褐绿斑，并分泌蜜露，形成烟污病，又是曲叶病毒传播的主要媒介。早春危害十字花科蔬菜和一些杂草，烟株还苗后进入烟田危害烟叶，秋季又迁移到蔬菜和杂草上危害并过冬。卵多产于烟株上中部烟叶背面，卵柄插入叶片组织内。成虫有趋嫩、趋黄绿和趋黄色习性，并有强烈的聚集性
野蛞蝓 *Agriolimax agarestis* Linneaus	食性杂，烟田苗期、移栽后还苗期至大田前期危害，以齿舌刺吸烟叶成孔洞，孔洞边缘不整齐仅留表皮，大发生时，叶片被吃光，仅剩叶脉，严重时，全田烟苗被吃光。 一年发生2 ~ 6代，以卵、幼体和成体在潮湿土壤下5 ~ 20 cm处越冬。烟草移栽后4 ~ 6月危害最重，特别是在此时段内多雨、温暖情况下危害最烈，2013年川南烟区发生较重。从野蛞蝓的一年和一昼夜的活动规律看，其活动规律是随气温、空气湿度和土壤湿度的变化而变化的。野蛞蝓怕光，在强烈日光下经2 ~ 3 h即被晒死，因此多在夜间及清晨外出活动、取食，白天则躲在土壤中或其他覆盖物中，一遇连日阴雨，土壤潮湿，则整天在外活动取食，特别是春雨多、气温适宜和凉爽多雨的夏季，则危害非常严重。野蛞蝓的发生一般是在地势低洼潮湿、土质黏重的土内，尤其是新翻土、水改旱、排水不良、杂草多的土内发生严重。野蛞蝓为雌雄同体，即同体授精繁殖，也可异体授精繁殖

续表

害虫名称	主要发生特点及其危害情况
灰巴蜗牛 *Bradybaena racida* Benson 同型蜗牛 *Bradybena similaris* Ferussac	这两种蜗牛在川烟区常见。其中灰巴蜗牛危害较重。一年发生 1 ~ 1.5 代，成体或幼体均能越冬，越冬场所较广，越冬时分泌一层白膜封住壳口，第二年春天开始活动,烟草移栽时成体数量较大，食量大，因此，对烟草危害严重。烟株进入旺长期至成熟期，由于气温高加之少雨的情况，对蜗牛发生不利，此段时间，蜗牛便潜伏在烟株根部或土块中，不食不动，并分泌白膜封住壳口，到 9 月份以后又开始活动，到 11 月下旬便进入越冬场所越冬。成体卵于植株附近的 1.5 ~ 2 cm 土中，卵粒集黏成堆，卵粒怕光，只要裸露在强光下或空气中很快爆裂。每年有两个时期产卵（4 ~ 5 月和 9 ~ 10 月）。幼体约 8 个月，春季孵化的幼体，秋天可发育为成体。烟草移栽后，成体数量大，危害重，是防治的关键时期（多采取人工捕捉）
细胸金针虫 *Agriotes subvittatus* Motschulsky 沟金针虫 *Faldermann sinensis* Candeie	金针虫在四川烟区有发生，细胸金针虫和沟金针虫均为 2 ~ 3 年发生 1 代。均以幼虫和成虫在烟田 20 ~ 40 cm 土壤中越冬，越冬虫态 3 ~ 4 月开始活动，4 月在田间可以查到卵，卵期 20 ~ 25 d。以幼虫越冬的，烟株在移栽至团棵期幼虫大部分迁至土壤表面活动，危害烟株根茎，使烟株地上部分发黄、枯萎，个别严重地块有死苗现象。细胸金针虫在湿度较大的地块，沟金针虫在干旱条件下均发生数量多、危害重。这两种金针虫成虫均有昼伏夜出和假死性，对新鲜略枯萎的杂草有较强的趋性，可以利用这一习性诱杀

续表

害虫名称	主要发生特点及其危害情况
茄二十八星瓢虫 *Henosepilachna vigintioctopunctata* Fabricius 马铃薯二十八星瓢虫 *Henosepilachna vigintioctomaculata* Motschulsky	这两种瓢虫均以成虫、若虫舔食烟叶叶片，仅残留表皮和叶脉，形成箩底似的网纹。在川南川北烟区一年发生3 ~ 4代，在川西南攀西烟区一年发生 2 ~ 3 代。均以成虫群集在杂草根际、墙缝、树皮间隙越冬。翌年 5 月开始活动，危害烟叶，6 月产卵，7 ~ 8 月为危害盛期。成虫、若虫都有蚕食同种卵的习性。成虫假死性强（可用这种习性人工捕杀），并可分泌黏液。成虫、若虫白天 10 时至 16 时最为活跃，午前多在叶背取食，16 时以后转为叶背取食。成虫多产卵于叶背，20 ~ 30 粒紧靠在一坨。幼虫多在夜间孵化，共 4 龄，二龄后分散危害，若虫（幼虫）多在烟株基部茎上或叶背化蛹，蛹长 5.5 mm，椭圆形，背面有黑色斑纹，尾部着末龄若虫（幼虫）的蜕皮，很好识别

第四章　四川烟田害虫绿色防控技术策略与方法

第一节　烟田害虫绿色防控技术的理论基础

长期依赖传统化学防治技术和传统方式防治烟草害虫，不仅难以应对异常气候条件下害虫灾害复杂多变的新挑战，也难与现代烟草产业发展新要求相适应。技术创新是推动烟草病虫害可持续控制的源泉，是确保烟叶生产安全和烟草产品质量安全的原动力。自从农业部提出“科学植保，公共植保，绿色植保”理念以来，技术创新一直成为推动烟草病虫害防控的核心力量。烟草病虫害防控技术创新不仅在于原创性的防控技术发明，而且还在于具有实用价值的防控技术集成创新。近年来，越来越多的烟草植保工作者认识到绿色防控技术集成的重要性。如何真正理解和把握绿色防控技术集成，如何应用技术集成的思想来指导具体的烟草病虫害防控生产实践活动，已成为当今建设现代植保的热点和焦点。然而，有关绿色防控技术集成的原则、途径和实现形式等理论和实践上尚未形成统一、完整体系，这在一定程度上将会影响烟草害虫绿色防控技术集成与应用。为此作者从绿色防控技术集成的基本原则、过程、途径和实现形式等方面来阐述绿色防控技术集成的基本规律，以便为推进烟草害虫绿色防控工作起到积极的促进作用。

一、技术集成基本原则

烟草害虫绿色防控技术集成必须遵循以下原则：

1. 病虫害综合治理（IPM）基本原则

以烟草健身栽培为基础，组装和配套良好的农业栽培措施；从增强烟田生物多样性入手，组装及配套使用生态调控措施，充分保护和利用生物多样性控制害虫；从保护和利用烟田天敌种群入手，组装配套使用烟田自然天敌或人工增殖及释放天敌控害技术措施，充分保护和利用有益生物控害；从科学使用农药入手，杜绝高毒、高残留和高污染农药的使用，最大限度地减少化学农药的使用。

2. 轻便和简单原则

烟草害虫绿色防控技术集成的目的是促进绿色防控技术在植烟区的推广应用，一般来说，烟农对新技术应用的积极性与技术的复杂程度成反比。绿色防控技术集成就是要通过进一步的技术熟化开发、组装配套和规范化，实现技术的轻简化，从而提高绿色防控技术采用比率，解决绿色防控技术的使用成本过高和需要更高质量或数量劳动力投入的问题。

3. 规范化和标准化原则

绿色防控技术集成的制定必须遵循有章可循、有标准可依的原则，因为集成效果很大程度上取决于技术配套的规范化、合理化和标准化。如人工释放天敌数量和防控面积之间必须保持平衡，释放过少起不到防控效果，释放过多又造成浪费，增加不必要的成本，掌握好这个度就是所谓的标准和规范。再如“三诱技术”，即色板、杀虫灯和性诱剂的集成，色板、杀虫灯和性诱剂的使用起止时间、控制面积以及悬挂高度针对不同的作物不同，如何以最小的经济投入获得最佳防控效果，需要制定集成技术的使用规范和标准等。

二、技术集成基本过程

烟草害虫绿色防控技术集成是对那些研究开发出来的，并将在生产中运用与推广的一系列绿色防控技术的研究、评价、精炼与组装配套的过程，基本过程是由技术选择、应用技术研究、技术组装配套、技术标准化4个环节组成的重复循环。

绿色防控技术集成第一步是技术选择。一般来说，烟草害虫绿色防控技术集成必须围绕烟草作物来进行，技术选择前，首先要深入实地调查了解当地植烟区的生态环境、气候条件、种植制度与规模，特别是要调查烟草害虫的发生规律，烟农对害虫的认知、态度和防治习惯等。通过系统调查找准和明确烟草害虫防控方面、相应的烟叶产品质量安全要求方面或烟田生态环境方面的主要问题，探究清楚产生这些问题的原因与根源，确定将来解决这些问题的方案，从而有针对性地选择相应的绿色防控技术。技术选择要始终坚持优先采用生物、物理和生态调控等非化学农药防治技术，重视技术的安全简便和有效性的同时，一定要保证烟草、环境、天敌、人畜和农产品质量等安全。

绿色防控技术集成第二步是应用技术研究。应用技术研究就是要将所选择技术在植烟区烟草上进行田间技术熟化研究。应用技术研究目的主要是测试比较新方法、改进选择的新技术是否适应当地情况及检验所选择的技术的有效性等。应用技术研究一般可分为以下 3 种类型：一种是适应型试验研究，主要是对引进的新技术开展当地适应性研究与示范。另一种是探索型试验研究，主要是针对需要解决的问题，设计田间试验研究，全面探索所选择技术的使用参数和指标等。此外，还有一种是检验示范性试验研究，开展示范性试验研究，获得结果，检验、测试或展开所选择技术的应用效果。

绿色防控技术集成第三步是技术组装配套。主要是对在应用技术研究中得到验证的各种技术进行评价、精炼、选择和组装的过程。烟草害虫绿色防控技术评价与选择的标准在于追求害虫防控的可持续治理的经济效果，不要单纯要求短期防效，追求经济、社会和生态综合效益的最大化，而不要简单地追求单纯的经济效益。绿色防控技术选择与组装应从烟田生态系统的整体出发，追求生态系统服务功能提高（包括农业生物多样性服务）所产生的生态效益和农产品质量提高所产生的社会效益，而不要仅仅是从单个害虫出发，追求单纯的防治效果。组装的过程也就是所选择的绿色防控技术与其他农技措施，如品种选择、栽培、肥水管理等有机整合以及播种、耕作、收获贮藏等农技措施进行有机结合的过程。通过技术的组装配套，形成绿色防控的关键技术产品或技术模式。

绿色防控技术集成第四步是技术标准化。所谓技术标准化，就是通过进一步的选择，精炼组装配套，使技术进一步集成为烟农可以照着做的标准样式的过程。由于绿色技术防控的集成可能包括农业、生物、物理、生态和化学防治等多方面技术的不同组合，不同靶标害虫的技术组成也应不同，因此技术标准化尤为重要。绿色防控技术集成过程往往是在示范区经过多年应用技术研究，选择和组装配套等过程，各项技术参数和指标得到了检验和验证，通过技术集成的标准化，形成的技术规范和标准，可以确保绿色防控的投入产出比达到最优组合、烟农使用更为方便和容易，将显著促进绿色防控技术的大面积推广使用。

三、技术集成的实现形式

绿色防控技术集成的实现形式可能体现为某种绿色防控的关键技术或产品。通过集成多种防控技术，研发集成新的绿色防控的关键技术或产品，它是绿色防控技术集成的具体表现形式。比如频振式杀虫灯，它的研发是利用昆虫的趋光、趋波、趋色等趋性的特征，引诱成虫扑灯后，灯外又配以频振式高压电网触杀灭虫；防虫网和银灰色地膜产品融合了物理隔离和昆虫的驱害避害特性；人工天敌如烟蚜茧蜂和赤眼蜂等的应用需要融合天敌繁育、释放装置（释放袋、蜂卡等）技术；利用微生物育种技术，研发了苏云金杆菌和枯草芽孢杆菌的融合菌株等多种生物工程产品。

绿色防控技术集成的实现形式也可能体现为某种技术模式。绿色防控技术模式一般针对不同靶标，综合农业、物理、生物、化学、生态等多方面技术，是绿色防控技术模式集成的综合表现。如攀枝花植烟区，探索形成了一套融合生态调控、物理防治、化学防治和生物防治技术的绿色防控集成技术模式：烟草移栽前烟田起垄 + 移栽时防治地下害虫 + 灯光诱杀 + 黄板诱蚜 + 农药减量增效技术。

绿色防控技术集成的实现形式还可能体现为某种绿色防控技术规程。技术规程的制定应基于合理的技术应用研究结果，是试验设计、标准筛选和效果评价的过程。如笔者对杀虫灯不同悬挂高度、灯控半径的防治效果进行研究，认为距离地面

110 ~ 140 cm 的悬挂高度和灯控半径设置为 60 ~ 80 cm 之间较理想。笔者研究了烟蚜茧蜂释放密度和防治效果的关系，结果表明烟蚜茧蜂释放密度越高，并非防治效果越好，释放烟蚜茧蜂 3 d 后开始显效，且一直持续到释放后 40 d，但释放 14 d 后控制效果最好。此外，色板和杀虫灯的设置方位、密度，生物制剂和化学药剂的用量、剂型和安全间隔都需要通过试验研究及相应防治效果评价，才能列入绿色防控技术规程。绿色防控技术规程不仅要包括上述具体防控技术标准，同时还要包括防控原则、具体产地要求、技术实施的人员配置（如测报人员）等。

四、技术集成途径

烟草害虫绿色防控技术集成的途径主要围绕烟草、靶标、技术和烟叶四种途径形成，其他途径还包括结合生产基地特点形成的特有技术模式或规程。

一是以烟草为主线的途径。根据烟草不同生态区条件和不同生育期害虫发生危害特点，组装关键技术产品，形成全程绿色防控技术模式或规程。

二是以靶标害虫为主线的途径。以烟草重要靶标害虫为主线，组装绿色防控技术和产品，形成了相应的绿色防控技术模式，建立和完善技术规程。如小地老虎靠成虫大量产卵、幼虫咬食烟苗茎基部危害，针对成虫趋化特点，形成了性诱剂和食诱剂诱杀成虫为主的技术模式；烟蚜是烟草主要害虫，利用其对黄色的趋性，形成了黄板诱有翅烟蚜、烟蚜茧蜂寄生无翅蚜虫的技术模式。

三是以技术产品为主线的途径。以绿色防控技术产品或投入品为主线，在性诱剂、食诱剂、人工天敌和生物农药等绿色防控技术产品方面，形成绿色防控产品应用技术模式。如小地老虎、烟青虫和斜纹夜蛾性诱剂等，烟农既可以自制简易诱捕器，将诱芯悬挂于水盆上方一段距离（不同靶标距离不同），也可在市面购买诱蛾类诱捕器等。人工投放天敌主要包括寄生蜂和烟蚜茧蜂。烟蚜茧蜂是近年来中国烟草总公司在全国植烟区大力推行的防治烟蚜的绿色防控技术。寄生蜂中应用最广泛的是赤眼蜂，可以寄生斜纹夜蛾和地老虎等鳞翅目害虫的卵，目前可以工业化生产的主要以蜂卡的形式使用。苏云金杆菌（Bt）针对多种不同的害虫如烟青虫、斜纹夜蛾等，技术集成出不同的菌株和剂型。

第二节　四川烟田主要害虫关键防控技术

针对四川省植烟区烟蚜、烟蓟马、烟粉虱、烟盲蝽等刺吸式害虫，烟青虫、斜纹夜蛾、烟潜叶蛾和烟蛀茎蛾等食叶害虫，以及小地虎、蛴螬、蝼蛄等地下害虫的发生和危害特点，依托近年来国内大农业和烟草生产中的主要绿色防控技术措施，结合四川省植烟区的防控实际，探索出了赤眼蜂烟田高效释放技术、黄板抹醋“食色”双诱技术、地下害虫精准施药技术和化学农药减量增效技术等关键技术，充实和完善了四川省烟田害虫绿色防控技术体系。

一、赤眼蜂田间释放关键技术

赤眼蜂田间释放关键技术主要是针对烟青虫、斜纹夜蛾等鳞翅目害虫幼虫防控的生物防控技术，其技术要点主要如下：

赤眼蜂蜂种的选择：

由于松毛虫赤眼蜂对烟青虫等害虫的寄生效果，在释放后20 d的平均防效可高达84.52%，明显优于稻螟赤眼蜂和螟蝗赤眼蜂的防效，在烟草生产中可选用松毛虫赤眼蜂来控制烟青虫的发生与危害。

松毛虫赤眼蜂释放的最佳时期：

烟青虫成虫盛发期（烟草团棵期至旺长期）。

松毛虫赤眼蜂的最佳释放量：

烟田释放的最适释放量为10 ~ 15枚/亩。（见表4–1、表4–2、表4–3）

表4–1　三种赤眼蜂对烟青虫田间防治效果　（2015年）

处理	释放后5 d 平均防效（%）	释放后10 d 平均防效（%）	释放后20 d 平均防效（%）
松毛虫赤眼蜂	45.48 aA	76.38 aA	84.52 aA
稻螟赤眼蜂	37.63 bB	59.33 bB	69.48 cC
螟蝗赤眼蜂	40.51 aAB	64.76 aAB	75.72 bB

注：a、b、c表示α = 0.05显著水平；A、B、C表示α = 0.01显著水平。

表4–2　不同时期释放对烟青虫田间防治效果　（2015年）

处理	释放后5 d 平均防效（%）	释放后10 d 平均防效（%）	释放后20 d 平均防效（%）
田间初见蛾期 （6月2～6日）	28.45 cC	35.49 cC	40.55 cC
田间蛾盛发期 （6月8～14日）	50.74 aA	80.75 aA	89.46 aA
田间蛾发后期 （6月20～25日）	36.23 bB	50.62 bB	63.89 bB

注：a、b、c表示α = 0.05显著水平；A、B、C表示α = 0.01显著水平。

表 4–3　不同释放量对烟青虫田间防治效果（2015 年）

处理	释放后 5 d 平均防效（%）	释放后 10 d 平均防效（%）	释放后 20 d 平均防效（%）
5 粒 / 亩	30.45 cC	52.14 cC	63.58 cC
10 粒 / 亩	56.33 bB	72.85 bB	80.14 bB
15 粒 / 亩	67.47 aA	83.79 aA	89.43 aA
20 粒 / 亩	69.32 aA	85.45 aA	89.95 aA

注：a、b、c 表示 $\alpha = 0.05$ 显著水平；A、B、C 表示 $\alpha = 0.01$ 显著水平。

二、烟蚜茧蜂田间高效释放技术

烟蚜茧蜂田间高效释放技术主要是针对烟蚜是四川植烟区最主要的害虫，每年烟农均要使用大量的化学农药进行防治，造成烟叶农药超标的极大风险。国家烟草总局在烟区大力推广烟蚜茧蜂防治烟蚜的绿色防控技术，结合四川省烟草蚜虫的发生流行特点，探索出了四川省植烟区烟蚜茧蜂田间高效释放技术。其技术要点：

1. 最适的释放方法

最适的释放方法包括离体僵蚜叶片悬挂放蜂法、收集成蜂散放法和田间小蜂棚散放法，其中田间小蜂棚散放法更适用、更灵活和更有效。

2. 最佳释放时间

最佳释放时间分别在烟株团棵期和旺长期，烟蚜若虫盛发前期。

3. 最佳放蜂量

最佳放蜂量单株烟苗蚜量 5 头左右按照蜂蚜比 1 ： 10 ~ 20 放蜂（250 ~ 500 头 / 亩）；单株烟苗蚜量 6 ~ 20 头按蜂蚜比

1 ：20 ~ 30 放蜂（300 ~ 1 000 头 / 亩）；单株烟苗蚜量 21 ~ 50 头按蜂蚜比 1 ：50 ~ 100 放蜂（250 ~ 1 100 头 / 亩）；单株烟苗蚜量 50 ~ 100 头按蜂蚜比 1 ：50 放蜂（1 000 ~ 2 000 头 / 亩）。

三、黄板抹醋“食色”双诱烟蚜技术

色板（黄板）诱蚜是烟田控制烟蚜发生危害的重要物理手段，近年来在四川省植烟区广泛推广和利用，但由于黄板固有的“益害双杀”缺陷，以及悬挂时期等使用技术的不规范，造成了黄板在应用上的负面影响，为此，作者选用了食用醋、食用维生素 C、食用橙汁和柠檬酸 4 种食诱剂涂抹黄板，探索出了黄板抹醋“食色”双诱烟蚜技术。其技术要点为：

1. 黄板涂抹食用醋的最佳剂量

黄板按 2 ~ 3 mL / 张食用醋涂抹剂量，其增效作用可提高 40% 以上。

2. 黄板抹醋后悬挂的最佳时期

最佳时期之一是 4 ~ 5 月烟苗移栽后旺长期（有翅烟蚜迁入烟田时期），最佳时期之二是 8 ~ 9 月烟草烟叶成熟采收期（有翅蚜迁出烟田时期）。（见图 4–1、图 4–2、表 4–4）

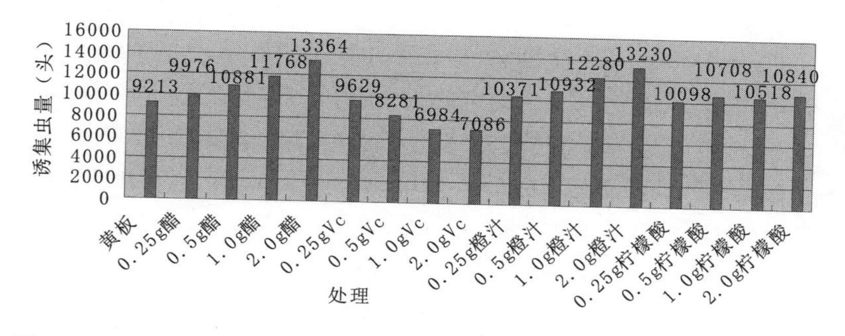

图 4–1　4 种食诱剂涂抹黄板后对烟草蚜虫的诱杀效果 （2013 ~ 2015 年）

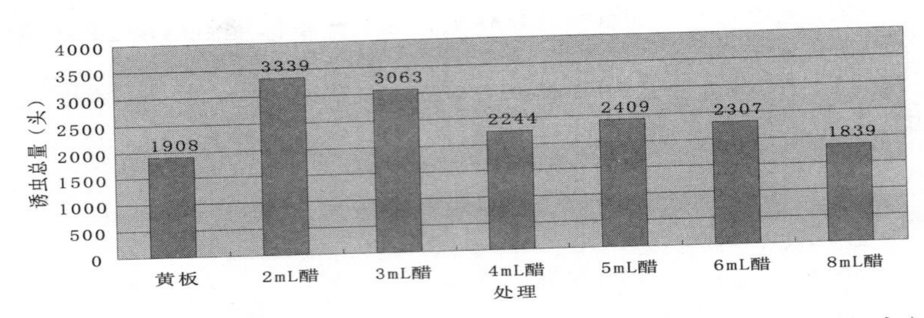

图 4–2　食用醋不同剂量涂抹黄板后对烟草蚜虫的诱剂作用（2013 ~ 2015 年）

表 4–4　4 种处理黄板对烟草害虫天敌诱杀力（2013 ~ 2015 年）

处理	草蛉（头 / 板）	食蚜蝇（头 / 板）	烟草蚜茧蜂（头 / 板）
黄板	2.60aA	2.70aA	3.00aA
0.25 g 醋 +5 mL 水 + 黄板	0.20bcB	0.15bcB	0.19bcB
0.5 g 醋 +5 mL 水 + 黄板	0.20bcB	0.15bcB	0.19bcB
1.0 g 醋 +5 mL 水 + 黄板	0.00cB	0.00cB	0.00cB
2.0 g 醋 +5 mL 水 + 黄板	0.00cB	0.00cB	0.00cB
0.25 g 维生素 C +5 mL 水 + 黄板	1.60abAB	1.65abAB	1.58abAB
0.5 g 维生素 C +5 mL 水 + 黄板	0.60bcAB	0.65bcAB	0.70bcAB
1.0 g 维生素 C +5 mL 水 + 黄板	1.00bcAB	1.10bcAB	1.11bcAB
2.0 g 维生素 C +5 mL 水 + 黄板	0.80bcAB	0.90bcAB	0.82bcAB
0.25 g 橙汁 +5 mL 水 + 黄板	0.40bcB	0.50bcB	0.45bcB
0.5 g 橙汁 +5 mL 水 + 黄板	0.80bcAB	0.90bcAB	0.85bcAB
1.0 g 橙汁 +5 mL 水 + 黄板	1.20bcAB	1.30bcAB	1.20bcAB
2.0 g 橙汁 +5 mL 水 + 黄板	1.00bcAB	1.10bcAB	0.95bcAB
0.25 g 柠檬酸 +5 mL 水 + 黄板	0.20bcB	0.30bcB	0.25bcB
0.5 g 柠檬酸 +5 mL 水 + 黄板	0.60bcAB	0.65bcAB	0.75bcAB
1.0 g 柠檬酸 +5 mL 水 + 黄板	0.60bcAB	0.65bcAB	0.70bcAB
2.0 g 柠檬酸 +5 mL 水 + 黄板	0.80bcAB	0.85bcAB	0.75bcAB

注：a、b、c 表示 $\alpha = 0.05$ 显著水平；A、B、C 表示 $\alpha = 0.01$ 显著水平。

四、“毒土撒施 + 药液灌根”精准施药防控地下害虫高效技术

蛴螬、蝼蛄等地下害虫是四川植烟区烟草的重要害虫，主要在烟苗移栽到团棵期危害烟苗的正常生长，在常年发生和危害的烟田往往由于施药方式不当和错过最佳的施药时期等，导致烟苗缺苗，甚至断垄，严重影响烟草的正常生长。为此，开展了不同施药方式（毒土撒施、药液灌根和药液喷雾）和不同施药时期（烟草移栽前 10 d、烟草移栽前 3 d、烟苗移栽当天和烟草移栽后 10 d）对地下害虫防控的研究并探索出了相应的精准施药高效技术。其技术要点：①在烟苗移栽时采取毒土撒施 + 药液灌根的组合是防治烟田地下害虫有效的施药技术措施，其保苗效果最好，可高达 100%；②烟苗移栽前 3 d 和烟苗移栽当天施药是防治烟田地下害虫最佳的施药时间，其保苗效果较好，可达 90% ~ 94%。（表 4–5、表 4–6）

表 4–5　三种施药方式对烟草地下害虫的防治效果（2013 ~ 2015 年）

施药方式	平均死苗率（%）	平均保苗效果（%）
毒土撒施	1.42	94.26 aAB
药液灌根	2.40	90.31 bB
药液喷雾	6.03	75.65 cC
撒施 + 灌根	0.00	100.00 aA
撒施 + 喷雾	1.83	92.61 bB
灌根 + 喷雾	3.45	86.07 bBC
清水对照	24.76	～～

注：a、b、c 表示 $\alpha = 0.05$ 显著水平；A、B、C 表示 $\alpha = 0.01$ 显著水平。

表 4–6　四个施药时期对烟草地下害虫的防治效果　（2014 ~ 2015 年）

施药时期	平均死苗率（%）	平均保苗效果（%）
移栽前 10 d（4 月 7 ～ 15 日）	3.83	83.62 bB
移栽前 3 d（4 月 14 ～ 20 日）	1.47	93.71 aA
移栽当天（4 月 17 ～ 25 日）	2.08	91.10 aA
移栽后 10 d（4 月 25 ～ 30 日）	6.99	70.10 cC
清水对照	23.38	～～

注：a、b、c 表示 $\alpha = 0.05$ 显著水平；A、B、C 表示 $\alpha = 0.01$ 显著水平。

五、“化学农药 + 增效剂”减量增效施药技术

烟草化学农药的减量增效是发展优质烟叶、降低农药残留的有效途径，作者开展了“化学农药 + 增效剂”防治烟蚜和烟青虫的减量增效探索性试验，形成了“化学农药 + 增效剂”的减量增效施药技术。其技术要点：

1. 增效剂的选择

可选用农业部全国农技中心推广的绿色防控产品减量降残农药增效助剂——激健。

2. 化学农药的减量

化学农药减量 40%+3 ~ 5 mL/ 亩激健防治烟蚜和烟青虫等害虫的防效与单独施用化学农药推荐剂量的防效相当。（表 4–7、表 4–8、表 4–9、表 4–10）

表 4–7 10% 吡虫啉可湿性粉剂防治烟草蚜虫减量增效试验结果（2013 ~ 2014 年）

药剂处理	药后 1 d 防效（%）	药后 3 d 防效（%）	药后 10 d 防效（%）
10% 吡虫啉可湿性粉剂 12 g/ 亩	62.75 bB	74.34 bB	71.56 bB
10% 吡虫啉可湿性粉剂 20 g/ 亩	84.73 aA	90.62 aA	89.98 aA
10% 吡虫啉可湿性粉剂 + 激健 12 g/ 亩 +3 mL	85.85 aA	93.73 aA	91.17 aA

注：a、b、c 表示 $\alpha = 0.05$ 显著水平；A、B、C 表示 $\alpha = 0.01$ 显著水平。

表 4–8 10% 吡虫啉可湿性粉剂防治烟草蚜虫减量增效试验结果（2014 ~ 2015 年）

药剂处理	药后 1 d 防效（%）	药后 3 d 防效（%）	药后 10 d 防效（%）
10% 吡虫啉可湿性粉剂 12 g/ 亩	52.14 bB	69.31 cB	70.55 cB
10% 吡虫啉可湿性粉剂 20 g/ 亩	81.58 aA	92.24 bA	91.89 bA
10% 吡虫啉可湿性粉剂 + 激健 12 g/ 亩 +3 mL	83.03 aA	95.25 aA	93.34 aA

注：a、b、c 表示 $\alpha = 0.05$ 显著水平；A、B、C 表示 $\alpha = 0.01$ 显著水平。

表 4–9　2.5% 溴氰菊酯水乳剂防治烟草烟青虫减量增效试验结果（2013 ~ 2014 年）

药剂处理	药后 1 d 防效（%）	药后 3 d 防效（%）	药后 10 d 防效（%）
2.5% 溴氰菊酯水乳剂 24 mL/ 亩	61.59 bB	73.17 bB	70.89 bB
2.5% 溴氰菊酯水乳剂 40 mL/ 亩	89.64 aA	97.21 aA	95.33 aA
2.5% 溴氰菊酯水乳剂 + 激健 24 mL/ 亩 +4 mL	87.95 aA	95.86 aA	94.55 aA

注：a、b、c 表示 α ＝ 0.05 显著水平；A、B、C 表示 α ＝ 0.01 显著水平。

表 4–10　2.5% 溴氰菊酯水乳剂防治烟草烟青虫减量增效试验结果（2014 ~ 2015 年）

药剂处理	药后 1 d 防效（%）	药后 3 d 防效（%）	药后 10 d 防效（%）
2.5% 溴氰菊酯水乳剂 24 mL/ 亩	65.47 bB	79.22 bA	76.35 bB
2.5% 溴氰菊酯水乳剂 40 mL/ 亩	91.56 aA	98.72 aA	96.14 aA
2.5% 溴氰菊酯水乳剂 + 激健 24 mL/ 亩 +4 mL	89.69 aA	97.14 aA	95.21 aA

注：a、b、c 表示 α ＝ 0.05 显著水平；A、B、C 表示 α ＝ 0.01 显著水平。

第三节　四川烟田害虫高效、低毒、低风险农药的筛选和安全性评价

在烟草害虫综合防治中，根据充分发挥自然抑制与人工调节相结合的原则，把害虫发生和危害控制在经济允许损失水平以下。其人工调节包括应用物理方法（如灯光诱杀等）、化学方法（如农药毒杀等），以协调生物天敌作用，达到防治害虫、保护天敌，促进烟田生态系统持续良性循环的目的。而应用化学防治则是目前综合治理烟草害虫的重要部分，特别是因烟农具有长期使用化学防治的经验，并有方法简便、杀虫速率高、效果好等优点，在近年频繁发生突发性害虫的情况下，更有其重要性。但由于长期在“农药万能”错误思想支配下，滥用化学农药或连续使用单一农药，产生了一些弊端。主要表现在三个方面：①害虫产生抗性，加大用药量和防治次数，也不能达到极好的杀灭害虫的目的；②大量杀害天敌、破坏害虫的自然控制能力，使生态平衡被破坏，引起害虫猖獗频繁，也使次要害虫上升为主要害虫；③农药残留污染环境，特别是残留量大、残留期长的农药，造成对环境的污染，危害人类健康及其他生物。因此，在综合防治烟草害虫的系统措施中，要提高化学防治效果，避免出现人畜中毒、环境污染、伤害天敌、产生抗性等问题，必须对农药及其制剂的特点、防治对象、作物和天敌的生物学特性、农药的使用方法和使用条件等有全面而正确的了解，针对防治烟草害虫的薄弱环节，选择适宜的农药和剂型，适时用药才能充分发挥化学农药

的效果。

近年来，作者选择了部分来自农业部农药登记名录、中国烟叶总公司农药推荐名录和部分国内外农化企业推出的优秀农药杀虫剂，通过在四川省内植烟区建立的烟草蚜虫、烟青虫、斜纹夜蛾和地下害虫等主要害虫的药效评价基地，按照《农药田间药效登记试验准则》（一）（二）（三），开展了杀虫剂新品种、新剂型的田间药效小区对比试验和安全性评价，筛选出高效、低毒和低残留杀虫剂，供公司采购和烟农购买，极大地降低了农药残留超标风险。

一、烟草蚜虫防治药剂筛选和安全性评价

选用了25%吡蚜酮可湿性粉剂、70%啶虫脒水分散粒剂、70%吡虫啉水分散剂、0.5%苦参碱水剂、10%吡虫啉可湿性粉剂、5%吡虫啉乳油、200 g/L吡虫啉可溶液剂、1.7%阿维·吡虫啉微乳剂、3%啶虫脒微乳剂、5%啶虫脒乳油，共10种药剂，进行的药效试验和安全性评价，结果为（表4–11）：

1. 第一梯队药剂

25%吡蚜酮可湿性粉剂在16 g/亩、70%啶虫脒水分散粒剂在1.8 g/亩、70%吡虫啉水分散剂在2 g/亩和5%啶虫脒乳油在24 g/亩的剂量下防治效果最好，其速效性为81% ~ 88%，持效性可达91% ~ 94%。

2. 第二梯队药剂

10%吡虫啉可湿性粉剂在20 g/亩、200 g/L吡虫啉可溶液剂在15 mL/亩和1.7%阿维·吡虫啉微乳剂在30 g/亩的剂量下防效基本接近，其速效性为84% ~ 86%，持效性可达90% ~ 93%。另外，0.5%苦参碱水剂在75 mL/亩的剂量下速效

性一般，但持效性较好，防治效果达 93% ~ 94%。

3. 第三梯队药剂

5% 吡虫啉乳油在 20 g/ 亩和 3% 啶虫脒微乳剂在 16.6 g/ 亩的剂量下防效均较好，其速效性为 78% ~ 88%，持效性可达 86% ~ 89%。

表 4–11　25% 吡蚜酮可湿性粉剂等 10 种药剂防治烟草蚜虫试验评价结果

药剂	2014 年		2015 年	
	速效性（用药后 1 d）	持效性（用药后 10 d）	速效性（用药后 1 d）	持效性（用药后 10 d）
	防效（%）	防效（%）	防效（%）	防效（%）
25% 吡蚜酮可湿性粉剂 16 g/ 亩	83.42	93.24	82.26	91.46
70% 啶虫脒水分散粒剂 1.8 g/ 亩	87.46	94.16	86.86	93.25
70% 吡虫啉水分散剂 2 g/ 亩	88.42	92.84	87.00	91.73
0.5% 苦参碱水剂 75 mL/ 亩	34.72	92.54	36.79	93.66
10% 吡虫啉可湿性粉剂 20 g/ 亩	85.06	90.12	84.73	89.98
5% 吡虫啉乳油 20 g/ 亩	87.62	89.34	86.48	88.86
200 g/L 吡虫啉可溶液剂 15 mL/ 亩	84.32	91.24	85.27	90.46
1.7% 阿维·吡虫啉微乳剂 30 g/ 亩	86.24	92.68	85.76	91.82
3% 啶虫脒微乳剂 16.6 g/ 亩	79.84	87.64	78.49	86.76
5% 啶虫脒乳油 24 g/ 亩	82.52	92.48	81.68	92.06

二、烟青虫防治药剂筛选和安全性评价

选用了14%氯虫·高氯氟悬浮剂、10%高效氯氟氰菊酯水乳剂、22%噻虫嗪·高氯氟悬浮剂、25 g/L高效氯氟氰菊酯乳油、50 g/LS-氰戊菊酯水乳剂、10%醚菊酯悬浮剂、32 000 IU/mg苏云金杆菌、0.5%苦参碱水剂，共8种药剂，进行的药效试验和安全性评价，结果为（表4-12）：

1. 第一梯队药剂

14%氯虫·高氯氟悬浮剂在20 mL/亩、10%高效氯氟氰菊酯水乳剂在0.9 g/亩和22%噻虫嗪·高氯氟悬浮剂在10 mL的剂量下防治效果最好，其速效性为89% ~ 92%，持效性可达93% ~ 96%。

2. 第二梯队药剂

25 g/L高效氯氟氰菊酯在乳油0.9 g/亩、50 g/LS-氰戊菊酯水乳剂在1.2 g/亩和10%醚菊酯悬浮剂在80 g/亩的剂量下防效基本接近，其速效性为84% ~ 89%，持效性可达88% ~ 91%。

3. 第三梯队药剂

32 000IU/mg苏云金杆菌在60 g/亩和0.5%苦参碱水剂在75 mL/亩的剂量下防效均较好，其速效性为74% ~ 82%，持效性可达79% ~ 84%。

表 4–12 14% 氯虫・高氯氟悬浮剂等 8 种药剂防治烟草烟青虫试验评价结果

药剂	2014 年		2015 年	
	速效性（用药后 1 d）	持效性（用药后 10 d）	速效性（用药后 1 d）	持效性（用药后 10 d）
	防效（%）	防效（%）	防效（%）	防效（%）
14% 氯虫・高氯氟悬浮剂 20 mL/ 亩	91.23	95.34	92.15	96.12
10% 高效氯氟氰菊酯水乳剂 0.9 g/ 亩	91.12	94.38	90.92	94.14
22% 噻虫嗪・高氯氟悬浮剂 10 mL/ 亩	90.17	93.26	89.79	92.83
25 g/L 高效氯氟氰菊酯乳油 0.9 g/ 亩	89.15	91.26	88.65	90.23
50 g/L S- 氰戊菊酯水乳剂 1.2 g/ 亩	88.96	90.29	89.12	90.15
10% 醚菊酯悬浮剂 80 g/ 亩	86.26	89.35	84.39	88.76
32 000IU/ 毫克苏云金杆菌 60 g/ 亩	82.25	84.36	80.76	79.85
0.5% 苦参碱水剂 75 mL/ 亩	75.68	81.23	74.35	82.31

三、烟草斜纹夜蛾防治药剂筛选和安全性评价

选用了 200 g/L 氯虫苯甲酰胺悬浮剂、20% 氟虫双酰胺水分散粒剂、10% 氯溴虫腈悬浮剂、31% 甲维・丙溴磷乳油、20% 阿维・虫螨腈悬浮剂、25 g/L 溴氰菊酯乳油、5% 高氯・甲维盐微乳剂、1% 苦皮藤素水乳剂、200 亿 PIB/ 克斜纹夜蛾核型多角体病毒，共 9 种药剂，进行的药效试验和安全性评价，结果为

（表 4–13）：

1. 第一梯队药剂

200 g/L 氯虫苯甲酰胺悬浮剂在 10 mL/ 亩、20% 氟虫双酰胺水分散粒剂在 15 g/ 亩和 10% 氯溴虫腈悬浮剂在 12 mL/ 亩的剂量下防治效果最好，其速效性为 83% ~ 89%，持效性可达 89% ~ 94%。

2. 第二梯队药剂

31% 甲维・丙溴磷乳油在 50 mL/ 亩、20% 阿维・虫螨腈悬浮剂在 20 mL/ 亩、5% 高氯・甲维盐微乳剂在 17 mL/ 亩和 25 g/L 溴氰菊酯乳油在 40 mL/ 亩的剂量防效基本接近，其速效性为 76% ~ 83%，持效性可达 81% ~ 88%。

3. 第三梯队药剂

1% 苦皮藤素水乳剂在 60 mL/ 亩和 200 亿 PIB/ 克斜纹夜蛾核型多角体病毒在 4 g/ 亩的剂量防效一般，其速效性为 35% ~ 62%，持效性可达 67% ~ 79%。

表 4–13　200 g/L 氯虫苯甲酰胺悬浮剂等 9 种药剂防治烟草斜纹夜蛾试验评价结果

药剂	2014 年		2015 年	
	速效性（用药后 1 d）	持效性（用药后 10 d）	速效性（用药后 1 d）	持效性（用药后 10 d）
	防效（%）	防效（%）	防效（%）	防效（%）
200 g/L 氯虫苯甲酰胺悬浮剂 10 mL/ 亩	89.23	94.15	88.87	93.26
20% 氟虫双酰胺水分散粒剂 15 g/ 亩	88.42	92.84	87.12	91.35
10% 氯溴虫腈悬浮剂 12 mL/ 亩	83.32	89.24	84.27	90.33

续表

药剂	2014 年		2015 年	
	速效性（用药后 1 d）	持效性（用药后 10 d）	速效性（用药后 1 d）	持效性（用药后 10 d）
	防效（%）	防效（%）	防效（%）	防效（%）
31% 甲维・丙溴磷乳油 50 mL/ 亩	82.62	87.34	83.46	88.26
20% 阿维・虫螨腈悬浮剂 20 mL/ 亩	80.24	84.63	81.74	85.37
25 g/L 溴氰菊酯乳油 40 mL/ 亩	77.39	82.34	78.35	83.65
5% 高氯・甲维盐微乳剂 17 mL/ 亩	76.35	80.13	77.23	81.22
1% 苦皮藤素水乳剂 60 mL/ 亩	62.15	79.34	63.15	78.16
200 亿 PIB/ 克斜纹夜蛾核型多角体病毒 4 g/ 亩	35.12	63.41	38.26	67.34

四、烟草地下害虫防治药剂筛选和安全性评价

选用 5% 毒死蜱颗粒剂、8% 阿维・毒死蜱颗粒剂、5% 毒・辛颗粒剂、10% 噻唑磷颗粒剂、5% 二嗪磷颗粒剂、3% 辛硫磷颗粒剂、地虫克颗粒剂、10% 敌・毒死蜱颗粒剂、0.5% 阿维菌素颗粒剂、0.2% 联苯菊酯颗粒剂、48% 毒死蜱乳油、1.8% 阿维菌素乳油、20% 毒・辛乳油、15% 阿・毒乳油、1% 联苯・噻虫胺颗粒剂、40% 辛硫磷乳油，共 16 种药剂，进行的药效试验和安全性评价，结果为（表 4–14）：

1. 第一梯队药剂

0.5% 阿维菌素颗粒剂在 1.5 kg/ 亩、0.2% 联苯菊酯颗粒剂在 500 g/ 亩、10% 噻虫磷颗粒剂在 2 kg/ 亩和 1% 联苯 • 噻虫胺颗粒剂在 2 kg/ 亩的防治效果好，4 年试验的保苗效果保持在 97% ~ 100%。

2. 第二梯队药剂

5% 毒死蜱颗粒剂在 3 kg/ 亩、5% 毒 • 辛颗粒剂在 3.5 kg/ 亩、3% 辛硫磷颗粒剂在 5 kg/ 亩、8% 阿维 • 毒死蜱颗粒剂在 4 kg/ 亩和 40% 辛硫磷乳油在 102 mL/ 亩的剂量下防效基本接近，四年试验的防效保持在 92% ~ 97%。

3. 第三梯队药剂

5% 二嗪磷颗粒剂在 3 kg/ 亩、地虫克颗粒剂在 2 kg/ 亩和 1.8% 阿维菌素乳油在 40 mL/ 亩的剂量下防效均较好，防治效果为 82% ~ 94%，四年试验的防效均保持在 82% 以上。

表 4-14　0.5% 阿维菌素颗粒剂等 16 种药剂对烟草地下害虫的防治试验评价结果

试验处理	防效（%）							
	2012 年		2013 年		2014 年		2015 年	
	死苗率	保苗效果	死苗率	保苗效果	死苗率	保苗效果	死苗率	保苗效果
5% 毒死蜱颗粒剂 3 kg/ 亩	0.83	97.51	0.00	100.00	1.67	94.99	0.00	100.00
8% 阿维 • 毒死蜱颗粒剂 4 kg/ 亩	1.67	94.99	0.00	100.00	2.50	92.49	0.83	97.07
5% 毒 • 辛颗粒剂 3.5 kg/ 亩	1.67	94.99	1.67	94.11	2.50	92.49	1.67	94.11

续表

试验处理	防效（%）							
	2012 年		2013 年		2014 年		2015 年	
	死苗率	保苗效果	死苗率	保苗效果	死苗率	保苗效果	死苗率	保苗效果
10% 噻唑磷颗粒剂 2 kg/ 亩	0.00	100.00	0.83	97.51	0.83	97.51	0.00	100.00
5% 二嗪磷颗粒剂 3 kg/ 亩	3.33	90.00	2.50	91.12	4.17	87.49	1.67	94.11
3% 辛硫磷颗粒剂 5 kg/ 亩	2.50	92.49	0.83	97.07	4.17	94.99	0.83	97.07
地虫克颗粒剂 2 kg/ 亩	4.17	87.49	1.67	94.11	5.83	82.51	0.83	97.07
10% 敌・毒死蜱颗粒剂 4 kg/ 亩	5.00	84.99	3.33	88.25	3.33	90.00	2.50	91.12
0.5% 阿维菌素颗粒剂 1.5 kg/ 亩	0.83	97.51	0.00	100.00	0.00	100.00	0.00	100.00
0.2% 联苯菊酯颗粒剂 500 g/ 亩	0.00	100.00	0.00	100.00	0.00	100.00	0.83	97.07
48% 毒死蜱乳油 100 mL/ 亩	3.33	90.00	3.33	88.25	5.83	82.51	3.33	88.25
1.8% 阿维菌素乳油 40 mL/ 亩	4.17	94.99	1.67	94.11	3.33	90.00	2.50	91.12

续表

试验处理	防效（%）							
	2012 年		2013 年		2014 年		2015 年	
	死苗率	保苗效果	死苗率	保苗效果	死苗率	保苗效果	死苗率	保苗效果
20% 毒・辛乳油 217 mL/ 亩	6.67	79.99	4.17	85.28	4.17	87.49	2.50	91.12
15% 阿・毒乳油 100 mL/ 亩	5.83	82.51	0.83	97.07	5.83	82.51	1.67	94.11
1% 联苯・噻虫胺颗粒剂 2 kg/ 亩	0.00	100.00	0.00	100.00	0.00	100.00	0.83	97.07
40% 辛硫磷乳油 102 mL/ 亩	4.17	94.99	0.83	97.07	0.00	100.00	1.67	94.11

第四节 四川烟田害虫绿色防控技术模式

一、技术模式

针对四川植烟区的种植制度、地理和气候特点，结合近四年来的研究结果，四川植烟区烟草主要害虫绿色防控模式应遵循“农业防治为前提”“生物防治为重点”“物理措施为支撑”和“化学防治为保障”的原则。

1. 农业防治

农业防治包括栽植抗虫害优良品种；科学施肥、合理密植；

冬春深耕翻土、塑料薄膜覆盖栽培；及时打顶、抹杈，除去脚叶，适时中耕、清洁田园、处理秸秆等技术措施。

2. 物理防治

物理防治包括人工捉虫，灯光诱虫，黄板诱蚜，草叶、草堆诱杀野蛞蝓、小地老虎等；糖酒醋毒液诱杀小地老虎、斜纹夜蛾成虫；性诱剂诱杀烟青虫、斜纹夜蛾、小地老虎成虫等措施。

3. 生物防治

生物防治包括：①充分保护烟田自然天敌种群，达到以虫治虫和以菌治虫的目的；②也可人工释放烟蚜茧蜂防治烟蚜，赤眼蜂防治烟青虫、斜纹夜蛾等害虫；③选择烟碱、印楝素等植物源杀虫剂防治烟蚜等多种害虫。

4. 化学防治

化学防治应科学用药，包括适时、适量、合理施用高效、低毒、低残留农药；选用高效施药器械提高农药利用率，以及选用增效剂，达到农药减量增效的作用。

按照以上原则和实施的综合防治技术，项目组优化集成出了四川植烟区烟草不同生育期主要害虫的绿色防控模式（表4-15），在此基础上形成了四川省《烟草主要害虫绿色防控技术规程》地方标准（详见附录一）。

二、关键技术路线

烟田害虫绿色防控关键技术，是通过生态调控技术、害虫诱杀技术和生物防控技术等来控制害虫危害，在采用这些技术已不能有效控制其危害，且会给烟草生产造成重大损失时，选用低毒、低残留化学农药，严格遵守农药安全间隔期，要坚持交替使用农药，并在兑药时加入减量增效助剂，进一步减少农药用量。

1. 生态调控技术

生态调控技术主要包括栽植抗虫害优良品种；科学施肥、合理密植；冬春深耕翻土、塑料薄膜覆盖栽培；及时打顶、抹杈，除去脚叶，适时中耕、清洁田园、处理秸秆等技术措施。

2. 害虫诱杀技术

害虫诱杀技术是烟田害虫绿色防控最重要的措施之一，它是利用害虫对“色”“味”和“性”等的特殊趋性，通过人为设计“陷阱”，将其诱杀的技术。

（1）色板诱集技术　色板诱杀技术是利用蚜虫等害虫的成虫对颜色的强烈趋性将专用胶剂涂在黄色或蓝色纸板上制成黏虫板（黄板和蓝板），将带色的黏虫板悬挂于田间，对害虫进行诱杀的技术。在烟草生产中，主要在4～6月烟草团棵期至旺长期，有翅烟蚜迁入烟田，以及8～9月烟草成熟收获期有翅烟蚜迁出烟田时，按20～30张/亩，悬挂黄色黏虫板诱杀烟蚜、烟粉虱等害虫防效十分明显。悬挂黏虫板的技术要点：①黏虫板的底部略高于烟株顶部；②色板在烟田要均匀分布；③在育苗棚内，一般情况下中棚用5～10张，蚜虫偏多时要加密使用；④色板粘满虫后要及时更换新板。

（2）信息素诱杀技术　信息素诱杀技术是利用害虫信息素诱杀雄成虫，减少交配几率，控制下一代危害的措施。在烟田烟青虫、棉铃虫、小地老虎和斜纹夜蛾的越冬代羽化前的4～5月，各按1～2套/亩。悬挂性诱剂的技术要点：①在害虫越冬代即将羽化前开始悬挂；②取用诱芯时必须把手洗干净、擦干；③诱捕器进虫部位与植株高度基本一致或略高；④每月更换一次诱芯。

（3）灯光诱杀技术　灯光诱杀技术是利用害虫趋光性进行

诱集捕杀的措施。在烟田，每年 3 ～ 9 月，运用太阳能杀虫灯和频振式杀虫灯可诱杀烟草上具有趋光性的小地老虎、斜纹夜蛾、金龟子、蝼蛄等害虫的成虫。灯光诱杀的技术要点：①两灯间距离 240 m，采用斜对角线形或田字形安装；②安装密度为平坝地 1 盏 /40 亩，丘陵地 1 盏 /30 亩；③安放位置尽量远离其他光源；④灯高离地 1.7 ～ 2.0 m；⑤及时清扫杀虫网；⑥加强使用管理、防止安全事故发生。

（4）食诱技术　食诱技术是针对羽化为成虫后要补充营养的害虫，如金龟子、地老虎、蝼蛄、斜纹夜蛾等，在其成虫羽化期，人为配制毒饵液，放置田间进行诱杀，减少害虫基数的防虫技术。食诱可使用成品（如“烟叶宝”等），也可自制糖醋液进行诱杀。普通型糖醋液配方比例为：糖 ∶ 醋 ∶ 酒 ∶ 水 =6 ∶ 3 ∶ 1 ∶ 10，每升溶液加入 50 ～ 100 g 敌百虫；诱杀地蛆糖醋液配方为：糖 ∶ 醋 ∶ 水 =1 ∶ 1 ∶ 2.5，每升溶液加入 50 ～ 100 g 敌百虫。食诱技术的技术要点：①无论使用成品还是自制糖醋液都必须现配现用；②每亩放置 3 ～ 4 盆；③每 20 d 左右更换一次药液。

3. 生物防治技术

生物防治技术主要是通过利用害虫天敌及其他生物制剂防治害虫的措施，主要包括以虫治虫技术。

（1）以虫治虫技术　主要是在烟草生长期释放烟蚜茧蜂（按头 / 亩）和赤眼蜂（按 1 ～ 2 枚生物导弹 / 亩），可有效控制烟蚜和烟青虫等害虫的发生和危害。

（2）生物农药　防治烟田棉铃虫、烟青虫、斜纹夜蛾时，可采用甜核 · 苏云金杆菌 800 ～ 1 000 倍液或用 20 亿 PIB/mL 核型甘蓝夜蛾多角体病毒 50 ～ 90 g/ 亩，效果都很理想；防治蓟马、烟粉虱时可选用乙基多杀菌素 1 500 ～ 2 000 倍液；防治蚜虫、烟粉虱、蓟马时可选用 0.5% 苦参碱水剂 500 倍液；防治蛴螬、金针虫、蝼蛄等地下害虫可选用白僵菌和绿僵菌等。

4. 科学用药技术

在生态调控、植物免疫诱导、害虫诱杀和生物防治等都不能有效控制烟田虫害的发生，不采取其他方法防治将会给生产带来严重损失时，可采用化学农药进行应急防控。

（1）选择使用农药　在使用化学农药进行烟田虫害应急防控时，首先要有针对性地选用高效、低毒、低残留化学农药。为保护天敌，减少施药次数，将杀虫剂与杀菌剂混合使用。对同一种害虫，要选用多种药剂，并交替使用。

（2）规范使用农药　在具体使用农药时，还要严格遵守安全间隔期，要按照农药使用手册，按规定的浓度和剂量施用。

（3）使用减量增效助剂：在兑药时，添加减量增效助剂（如激健等），在减少 30% 用药量的同时，还能增加防效，既提高了经济效益，又保护了天敌，维护了生态体系的良性循环。

（4）合理选择植保机械　防效不仅与药剂本身的性质有关，还与喷雾的质量（雾滴大小）和雾滴的附着力大小密切相关。因此，科学地选择植保机械，也是搞好虫害防治的关键。最好选用电动喷雾器、静电喷雾器、机动喷雾器等雾化效果好、动力充足、质量稳定的喷雾器。

（5）正确的施药方法　在具体生产中，喷药要均匀、周到，不留死角；以喷透而不滴水为宜；要根据害虫种类不同，选用不同农药剂型，采用相应的施药方法。

表 4–15　四川植烟区主要害虫绿色防控模式

烟草生育期	主要防治对象	防治适期或指标	关键技术措施及其作用
苗期及移栽期	目标	重点控制烟蚜及各类地下害虫危害，确保烟苗适时移栽，苗全苗壮	
	小地老虎、蛴螬、蝼蛄、金针虫等地下害虫及野蛞蝓等有害生物	越冬代成虫盛发期及幼虫危害高峰期大田烟株被害株率达 3% ～ 5% 时	1. 冬、春时节深翻土、灌水犁耙，移栽前高厢起垄。 2. 有条件的烟田实行水旱轮作。 3. 安置杀虫灯诱杀金龟子、蝼蛄等成虫；利用趋化性用糖醋酒液诱杀小地老虎成虫。 4. 苗床土壤进行药剂处理，或发现少量地下害虫危害及时捕捉，大田烟株被害达防治指标时，及时撒施毒饵或毒水浇灌。 5. 栽烟时带药移栽或穴内施毒土
	烟蚜 烟粉虱	苗床期发现蚜虫及时防除	1. 在育苗棚内悬挂黄板。 2. 实行银膜、地膜覆盖栽烟。 3. 苗床出现大量蚜虫、粉虱时及时施药防治
	潜叶蛾 烟蛀茎蛾	做好虫情监测	1. 加强苗床管理，及时拔除虫害苗，防止有虫烟苗带入大田。 2. 烟草收获后彻底处理烟楂杆

续表

<table>
<tr><td rowspan="8">大田生长期</td><td>目标</td><td colspan="2">保护烟田生态环境，采取综合防治措施将各类害虫所造成的危害控制在经济允许水平之下，促进优质烟品质的提高</td></tr>
<tr><td>主要防治对象</td><td>防治适期或指标</td><td>关键技术措施及其作用</td></tr>
<tr><td>烟蚜</td><td>有翅蚜迁入烟田盛期或10%～20%烟株明显受害时</td><td>1. 在烟田悬挂黄板诱杀大量有翅成蚜。
2. 地膜、银膜覆盖栽培驱蚜、避蚜。
3. 烟田人工释放烟蚜茧蜂。
4. 未释放烟蚜茧蜂烟田，当蚜量及危害程度达到防治指标时，选用高效、低毒、低残留农药进行药液喷雾</td></tr>
<tr><td>烟青虫
斜纹夜蛾</td><td>平均每百株幼虫达30头左右时或产卵高峰期及卵孵化盛期</td><td>1. 幼虫发生盛期，清晨人工捉虫。
2. 在烟田悬挂性诱剂诱杀成虫。
3. 人工释放赤眼蜂。
4. 利用核多角体病毒（NPV）防治低龄幼虫。
5. 当虫量及危害程度达到防治指标时，选用高效、低毒、低残留农药进行药液喷雾</td></tr>
<tr><td>金龟子</td><td>成虫发生期</td><td>在烟田安置杀虫灯，实施灯光诱杀</td></tr>
<tr><td>潜叶蛾
烟蛀茎蛾</td><td>成虫盛发期或卵孵化盛期</td><td>1. 及时打顶、抹杈、去除脚叶；及时清除田园内秸秆并将其烧毁。
2. 危害发生严重的烟区，应于防治适期及时施药</td></tr>
<tr><td>斑须蝽
稻绿蝽
稻蝗</td><td>发生危害盛期</td><td>一般情况下，不必对其单独施药防治，而在防治烟蚜、烟青虫等害虫时即可达到有效兼治的目的</td></tr>
</table>

三、四川烟田害虫绿色防控技术模式的示范

2013 ~ 2015 年，课题组与凉山彝族自治州、攀枝花市、泸州市、宜宾市、广元市、达州市和德阳市烟草公司合作，分别在冕宁县的回龙镇、米易县的普威镇、古蔺县箭竹乡、筠连县的高坪乡、剑阁县的普安镇、德阳市师古镇和宣汉县峰城镇共建了烟草主要害虫绿色防控技术示范区，核心示范面积各 100 亩，合计 700 亩。经在各核心示范区主要害虫不同发生危害期调查表明：核心技术示范效果明显，主要害虫防治效果均在 88% 以上。（表 4-16）

表 4-16　烟草主要害虫绿色防控技术在核心示范区的防治效果（2013 ~ 2015 年）

示范区 \ 防效（%） \ 靶标对象	烟草蚜虫	烟青虫	斜纹夜蛾	地下害虫
冕宁县回龙	92.52 ~ 97.48	90.33 ~ 96.82	89.47 ~ 94.86	94.36 ~ 97.27
米易县普威	91.31 ~ 98.92	90.43 ~ 95.37	88.54 ~ 92.33	93.26 ~ 96.42
古蔺县箭竹	93.04 ~ 96.41	86.33 ~ 93.76	90.49 ~ 95.11	92.08 ~ 96.37
筠连县高坪	89.68 ~ 99.27	92.15 ~ 95.48	90.56 ~ 94.86	91.83 ~ 95.13
剑阁县普安	94.11 ~ 98.35	89.17 ~ 94.51	91.09 ~ 92.77	94.16 ~ 96.04
宣汉县峰城	91.27 ~ 97.43	87.88 ~ 93.44	90.72 ~ 96.73	92.37 ~ 97.61
什邡市师古	90.29 ~ 96.57	91.22 ~ 95.39	88.27 ~ 94.78	91.08 ~ 97.19

附　录

附录一　四川烟田主要害虫绿色防控技术规程

1. 范围

本标准规定了四川烟区烟草主要害虫的防治原则及防治方法。

本标准适用于四川烟区主要害虫的防治。

2. 规范性引用文件

下列文件对于本文件的应用是必不可少的。凡是注日期的引用文件，仅所注日期的版本适用于本文件。凡是不注日期的引用文件，其最新版本（包括所有的修改单）适用于本文件。

GB/T8321.1 农药合理使用准则（一）

GB/T8321.2 农药合理使用准则（二）

GB/T8321.3 农药合理使用准则（三）

GB/T8321.4 农药合理使用准则（四）

GB/T8321.5 农药合理使用准则（五）

GB/T8321.6 农药合理使用准则（六）

GB/T8321.7 农药合理使用准则　（七）

GB/T23222 烟草病虫害分级及调查方法

NY/T 1276 农药安全使用规范总则

YC/T 烟草害虫预测预报调查规程

YC/T 烟草病害预测预报调查规程

3. 术语和定义

GB/T 23222 中的术语和定义以及下列术语和定义适用于本标准。

3.1 绿色防控

通过推广应用生态调控、生物防治、物理防治、科学用药等绿色防控技术，以达到保护生物多样性，降低病虫害暴发几率的目的，同时它也是促进标准化生产、提升农产品质量安全水平的必然要求，是降低农药使用风险、保护生态环境的有效途径。

3.2 安全间隔期

最后一次施药至作物收获时允许间隔的时间。

4. 防治原则

坚持“预防为主，综合防治为辅”的植保方针，加强对主要病虫害的预测预报，协调应用农业、生物、物理及化学防治措施，建立烟草植保社会化服务体系，推行统防统治措施，降低烟叶农药残留超标风险，提高烟叶安全性，保护农业生态环境，保障烟叶生产持续平稳发展。

5. 防治对象

5.1 苗期害虫

烟蚜、烟粉虱和潜叶蛾等。

5.2 大田期害虫

烟蚜、烟粉虱、野蛞蝓、烟青虫、斜纹夜蛾、小地老虎、金龟子幼虫、金针虫和蝼蛄等。

6. 预测预报

加强对当地主要病虫害的监测，根据监测结果制定防治对策。预测预报方法参照 GB/T 2322，《烟草病害预测预报调查规程》及《烟草害虫预测预报调查规程》规定执行。

7. 防治时期

7.1 苗期害虫

苗床期应重点在害虫发生前做好预防措施。

7.2 大田期害虫

7.2.1 地下害虫

烟苗移栽时防治。

7.2.2 烟蚜和烟粉虱

移栽后，在 4 月下旬至 5 月上旬有翅蚜迁入烟田盛期，当烟株蚜量（粉虱量）5 ~ 10 头 / 株时，用药防治。

7.2.3 烟青虫和斜纹夜蛾

卵孵盛期三龄幼虫前防治。

8. 防治技术

8.1 苗期害虫防治技术

8.1.1 苗床

育苗大棚远离农舍、烟田、菜园、蔬菜大棚等虫源。

8.1.2 烟蚜和烟粉虱

在育苗棚内悬挂黄板 5 ~ 10 张 / 棚，当烟苗植株每株达到 5 ~ 10 头 / 株时，选用 5% 吡虫啉乳油 1 500 倍液、3% 啶虫脒乳油 2 000 倍液等药剂喷雾。

8.2 大田期害虫防治技术

8.2.1 农业防治

8.2.1.1 烟田清洁：烟草收获后和烟田整地前彻底处理烟株、

烟杆。

8.2.1.2 烟田整治：冬春时节翻土、灌水犁耙；移栽前高厢起垄。

8.2.1.3 烟田水旱轮作

8.2.2 物理防治

8.2.2.1 地膜防蚜：在烟苗移栽时采用银膜或白膜覆盖栽培。

8.2.2.2 色板诱蚜：4 月下旬至 5 月下旬（团棵期）悬挂黄板诱杀有翅蚜，密度为 20 ～ 25 张 / 亩。

8.2.2.3 灯光诱杀：在烟田安装杀虫灯诱杀小地老虎、斜纹夜蛾和金龟子成虫等，密度为 30 ～ 50 亩 / 盏。

8.2.2.4 性诱剂诱杀：在烟田悬挂性诱剂诱杀小地老虎、烟青虫、斜纹夜蛾等害虫成虫，密度为 1 ～ 2 套 / 亩。

8.2.2.5 人工捕杀：在阴天或晴天的早晨人工捕杀烟青虫、小地老虎和斜纹夜蛾等害虫幼虫。

8.2.3 生物防治

8.2.3.1 保护利用烟田自然天敌的控害作用。

8.2.3.2 人工释放天敌昆虫

8.2.3.2.1 释放烟蚜茧蜂防治烟蚜：最佳释放时期分别在烟株团棵期和旺长期，烟蚜若虫盛发前期；最佳释放量：单株烟苗蚜量 5 头左右按照蜂蚜比 1 ∶ 10 ～ 20 放蜂（250 ～ 500 头 / 亩）；单株烟苗蚜量 6 ～ 20 头按照蜂蚜比 1 ∶ 20 ～ 30 放蜂（300 ～ 1 000 头 / 亩）；单株烟苗蚜量 21 ～ 50 头按照蜂蚜比 1 ∶ 50 ～ 100 放蜂（250 ～ 1 100 头 / 亩）；单株烟苗蚜量 50 ～ 100 头按照蜂蚜比 1 ∶ 50 放蜂（1 000 ～ 2 000 头 / 亩）。

8.2.3.2.2 释放赤眼蜂防治烟青虫和斜纹夜蛾等：选用松毛虫赤眼蜂等赤眼蜂在 6 月中旬（团棵期至旺长期），烟青虫和斜纹夜蛾幼虫盛发期，在烟田释放的最适释放量为 10 ~ 15 粒 / 亩。

8.2.3.3 生物防治方法，选择适当的微生物源或植物源生物农药防治烟草病虫害。

8.2.4 药剂防治

8.2.4.1 地下害虫

8.2.4.1.1 毒土穴施：在移栽时，选用 0.5% 阿维菌素颗粒剂 3 ~ 4 kg/ 亩、0.2% 联苯菊酯颗粒剂 500 ~ 600 g/ 亩、10% 噻虫磷颗粒剂 1.5 ~ 2 kg/ 亩和 1% 联苯 • 噻虫胺颗粒剂 1.5 ~ 2 kg/ 亩等药剂，按加入 15 ~ 20 kg 沙土 / 亩制成毒土，进行穴施。

8.2.4.1.2 药液灌根：在移栽时，选用 50% 辛硫磷乳油 1 000 倍液、2.5% 高效氯氟氰菊酯乳油 2 000 倍液、90% 敌百虫晶体 500 ~ 800 倍液等药剂浇灌烟株，每株 200 mL 左右，可在移栽时结合浇定根水进行防治。

8.2.4.1.3 药液喷雾：在地老虎幼虫三龄前，于傍晚撒施 2.5% 高效氯氟氰菊酯乳油 2 000 倍液。

8.2.4.2 野蛞蝓

选用 6% 四聚乙醛颗粒剂 400 ~ 550 g/ 亩，按 15 ~ 20 kg 沙土 / 亩制成毒土，在均匀撒施在烟株四周。

8.2.4.3 烟蚜和烟粉虱

选用 5% 吡虫啉乳油 1 500 倍液、3% 啶虫脒乳油 2 000 倍液等药剂喷雾防治。

8.2.4.4 烟青虫和斜纹夜蛾

选用 40% 灭多威可溶性粉剂 1 500 倍液、2.5% 氟氯氰菊酯乳油 2 000 倍液、1% 甲氨基阿维菌素苯甲酸盐可分散粒剂 5 ~ 10 g/ 亩等药剂喷雾防治。

8.2.4.5 潜叶蛾和蛀茎蛾

选用50%氟啶脲乳油2 000 ~ 3 000倍液、25%溴氰菊酯乳油1 500 ~ 2 500倍液、20%氰戊菊酯乳油40 mL/亩进行药液喷雾。

8.2.4.6 绿盲蝽

选用50%氟啶虫胺腈水分散粒剂20 ~ 45 mL/亩、25 g/L高效氯氟氰菊酯乳油30 ~ 60 mL/亩、45%马拉硫磷乳油40 ~ 70 mL/亩进行药液喷雾。

8.2.5 合理使用农药

按照国家政策和有关法规规定选择农药产品，所选用的农药品种应具有齐全的“三证”（农药生产许可证或农药生产批准文件、农药标准证和农药登记证），严禁使用国家禁用的农药品种，严格按照农药产品登记的防治对象、用量、使用次数、使用时期以及安全间隔期使用，根据农药特性及防治对象特点合理混用、轮用农药，其他按照GB/T 8321.1 ~ GB/T 8321.7、NY/T 1276以及《烟草农药推荐使用意见》规定执行。

附录二 四川不同植烟区烟田害虫绿色防控技术方案

——凉山彝族自治州烟草主要害虫绿色防控技术方案

凉山彝族自治州地处云贵高原边缘，属典型的亚热带、安宁河和金沙江干热河谷气候特点，是四川省乃至全国的优质烟草生产基地之一。长期以来，烟草蚜虫、烟青虫和地下害虫严重危害，严重影响烟叶生产。为此，四川省及各州烟草公司近年来立项开展了烟草害虫的系统研究，根据研究成果，特别制定出凉山彝族自治州烟草主要害虫绿色防控技术方案如下：

一、烟草苗期害虫种类和主要防控措施

1. 苗期害虫

在烟苗育苗期，主要有烟蚜、烟粉虱、烟蓟马和斑潜蝇等害虫发生和危害。

2. 主要防控措施

（1）苗床

育苗大棚远离村庄、烟田、菜园、蔬菜大棚等虫源地。

（2）烟蚜、烟粉虱和烟蓟马

在育苗棚内悬挂黄板 5 ~ 10 张 / 棚，当烟苗植株每株达到 5 ~ 10 头 / 株时，选用 5% 吡虫啉乳油 1 500 倍液、3% 啶虫脒乳油 2 000 倍液等药剂喷雾。

二、大田期害虫种类和主要防控措施

1. 害虫种类

在烟苗大田期，主要有烟蚜、斜纹夜蛾、烟青虫和金龟子成虫等食叶性害虫，以及小地老虎、暗黑鳃金龟幼虫、铜绿丽金龟幼虫和东方蝼蛄等地下害虫发生和危害。

2. 防治措施

（1）农业防治

A. 烟田清洁：烟草收获后和烟田整地前彻底处理烟株、烟杆。

B. 烟田整治：冬春时节翻土、灌水犁耙；移栽前高厢起垄。

（2）物理防治

A. 地膜防蚜：在烟苗移栽时采用银膜或白膜覆盖栽培。

B. 色板诱蚜：4 月下旬至 5 月下旬（团棵期）悬挂黄板诱杀有翅蚜，密度为 20 ~ 25 张 / 亩。

C. 灯光诱杀：在烟田安装杀虫灯诱杀小地老虎、斜纹夜蛾和金龟子成虫等，密度为 30 ～ 50 亩 / 盏。

D. 性诱剂诱杀：在烟田悬挂性诱剂诱杀小地老虎、烟青虫、斜纹夜蛾等害虫成虫，密度为 1 ～ 2 套 / 亩。

E. 人工捕杀：在阴天或晴天的早晨人工捕杀烟青虫、小地老虎和斜纹夜蛾等害虫幼虫。

（3）生物防治

A. 保护利用烟田自然天敌的控害作用。

B. 人工释放天敌昆虫

a. 人工释放烟蚜茧蜂防治烟蚜：最佳释放时期分别在烟株团棵期和旺长期，烟蚜若虫盛发前期；最佳释放量：单株烟苗蚜量 5 头左右按照蜂蚜比 1 ： 10 ~ 20 放蜂（250 ~ 500 头 / 亩）；单株烟苗蚜量 6 ~ 20 头按照蜂蚜比 1 ： 20 ~ 30 放蜂（300 ~ 1 000 头 / 亩）；单株烟苗蚜量 21 ~ 50 头按照蜂蚜比 1 ： 50 ~ 100 放蜂（250 ~ 1 100 头 / 亩）；单株烟苗蚜量 50 ~ 100 头按照蜂蚜比 1 ： 50 放蜂（1 000 ~ 2 000 头 / 亩）。

b. 人工释放赤眼蜂防治烟青虫和斜纹夜蛾等：选用松毛虫赤眼蜂等赤眼蜂在 6 月中旬（团棵期至旺长期），烟青虫和斜纹夜蛾幼虫盛发期，在烟田释放的最适释放量为 10 ~ 15 粒 / 亩。

c. 生物农药防治：选择适当的微生物源或植物源生物农药防治烟草病虫害。

（4）药剂防治

A. 地下害虫

a. 毒土穴施：在移栽时，选用0.5%阿维菌素颗粒剂3 ~ 4 kg/亩、0.2%联苯菊酯颗粒剂500 ~ 600 g/亩、10%噻虫磷颗粒剂1.5 ~ 2 kg/亩和1%联苯•噻虫胺颗粒剂1.5 ~ 2 kg/亩等药剂，按加入15 ~ 20 kg沙土/亩制成毒土，进行穴施。

b. 药液灌根：在移栽时，选用50%辛硫磷乳油1 000倍液、2.5%高效氯氟氰菊酯乳油2 000倍液、90%敌百虫晶体500 ~ 800倍液等药剂浇灌烟株，每株200 mL左右。

c. 药液喷雾：小地老虎幼虫三龄前，于傍晚喷施2.5%高效氯氟氰菊酯乳油2 000倍液。

B. 烟蚜、烟粉虱和烟蓟马

选用5%吡虫啉乳油1 500倍液、3%啶虫脒乳油2 000倍液等药剂喷雾防治。

C. 烟青虫和斜纹夜蛾

选用40%灭多威可溶性粉剂1 500倍液、2.5%氟氯氰菊酯乳油2 000倍液、1%甲氨基阿维菌素苯甲酸盐可分散粒剂5 ~ 10 g/亩等药剂喷雾防治。

3. 合理使用农药

按照国家政策和有关法规规定选择农药产品，所选用的农药品种应具有齐全的“三证”（农药生产许可证或农药生产批准文件、农药标准证和农药登记证），严禁使用国家禁用的农药品种，严格按照农药产品登记的防治对象、用量、使用次数、使用时期以及安全间隔期使用，根据农药特性及防治对象特点合理混用、轮用农药，其他按照GB/T 8321.1 ~ GB/T 8321.7、NY/T 1276以及《烟草农药推荐使用意见》规定执行。

附录三　四川不同植烟区烟田害虫绿色防控技术方案

——攀枝花市烟草主要害虫绿色防控技术方案

攀枝花市地处云贵高原边缘，属典型的亚热带和金沙江干热河谷气候特点，是四川省乃至全国的优质烟草生产基地之一。长期以来，烟草害虫，特别是地下害虫在烟苗移栽期严重危害，造成大量断苗、死苗，严重影响烟叶生产。为此，四川省、攀枝花市烟草公司近年来立项开展了烟草害虫的系统研究，根据研究成果，特别制定出攀枝花市烟草主要害虫绿色防控技术方案如下：

一、烟草苗期害虫种类和主要防控措施

1. 苗期害虫

在烟苗育苗期，主要有烟蚜、烟粉虱、烟蓟马和斑潜蝇等害虫发生和危害。

2. 主要防控措施

（1）苗床

育苗大棚远离农舍、烟田、菜园、蔬菜大棚等虫源地。

（2）烟蚜、烟粉虱和烟蓟马

在育苗棚内悬挂黄板 5 ～ 10 张 / 棚，当烟苗植株每株达到 5 ～ 10 头 / 株时，选用 5% 吡虫啉乳油 1 500 倍液、3% 啶虫脒乳油 2 000 倍液等药剂喷雾。

二、大田期害虫种类和主要防控措施

1. 害虫种类

在烟苗大田期，主要有烟蚜、斜纹夜蛾、烟青虫和金龟子成虫等食叶性害虫，以及小地老虎、暗黑鳃金龟幼虫、铜绿丽金龟幼虫、中华土甲和中华叩甲等地下害虫发生和危害。

2. 防治措施

（1）农业防治

A. 烟田清洁：烟草收获后和烟田整地前彻底处理烟株、烟杆。

B. 烟田整治：冬春时节翻土、灌水犁耙；移栽前高厢起垄。

（2）物理防治

A. 地膜防蚜：在烟苗移栽时采用银膜或白膜覆盖栽培。

B. 色板诱蚜：4 月下旬至 5 月下旬（团棵期）悬挂黄板诱杀有翅蚜，密度为 20 ~ 25 张 / 亩。

C. 灯光诱杀：在烟田安装杀虫灯诱杀小地老虎、斜纹夜蛾和金龟子成虫等，密度为 30 ~ 50 亩 / 盏。

D. 性诱剂诱杀：在烟田悬挂性诱剂诱杀小地老虎、烟青虫、斜纹夜蛾等害虫成虫，密度为 1 ~ 2 套 / 亩。

E. 人工捕杀：在阴天或晴天的早晨人工捕杀烟青虫、小地老虎和斜纹夜蛾等害虫幼虫。

（3）生物防治

A. 保护利用烟田自然天敌的控害作用。

B. 人工释放天敌昆虫

a. 人工释放烟蚜茧蜂防治烟蚜：最佳释放时期分别在烟株

团棵期和旺长期，烟蚜若虫盛发前期；最佳释放量：单株烟苗蚜量5头左右按照蜂蚜比1 ∶ 10 ~ 20放蜂（250 ~ 500头／亩）；单株烟苗蚜量6 ~ 20头按照蜂蚜比1 ∶ 20 ~ 30放蜂（300 ~ 1 000头／亩）；单株烟苗蚜量21 ~ 50头按照蜂蚜比1 ∶ 50 ~ 100放蜂（250 ~ 1 100头／亩）；单株烟苗蚜量50 ~ 100头按照蜂蚜比1 ∶ 50放蜂（1 000 ~ 2 000头／亩）。

b. 人工释放赤眼蜂防治烟青虫和斜纹夜蛾等：选用松毛虫赤眼蜂等赤眼蜂在6月中旬（团棵期至旺长期），烟青虫和斜纹夜蛾幼虫盛发期，在烟田释放的最适释放量为10 ~ 15粒／亩。

C. 生物农药防治：选择适当的微生物源或植物源生物农药防治烟草病虫害。

（4）药剂防治

A. 地下害虫

a. 毒土穴施：在移栽时，选用0.5%阿维菌素颗粒剂3 ~ 4 kg/亩、0.2%联苯菊酯颗粒剂500 ~ 600 g/亩、10%噻虫磷颗粒剂1.5 ~ 2 kg/亩和1%联苯·噻虫胺颗粒剂1.5 ~ 2 kg/亩等药剂，按加入15 ~ 20 kg沙土/亩制成毒土，进行穴施。

b. 药液灌根：在移栽时，选用50%辛硫磷乳油1 000倍液、2.5%高效氯氟氰菊酯乳油2 000倍液、90%敌百虫晶体500 ~ 800倍液等药剂浇灌烟株，每株200 mL左右。

c. 药液喷雾：小地老虎幼虫三龄前，于傍晚喷施2.5%高效氯氟氰菊酯乳油2 000倍液。

B. 烟蚜、烟粉虱和烟蓟马

选用5%吡虫啉乳油1 500倍液、3%啶虫脒乳油2 000倍液等药剂喷雾防治。

C. 烟青虫和斜纹夜蛾

选用40%灭多威可溶性粉剂1 500倍液、2.5%氟氯氰菊酯乳油2 000倍液、1%甲氨基阿维菌素苯甲酸盐可分散粒剂5 ~ 10 g/亩等药剂喷雾防治。

3. 合理使用农药

按照国家政策和有关法规规定选择农药产品，所选用的农药品种应具有齐全的"三证"（农药生产许可证或农药生产批准文件、农药标准证和农药登记证），严禁使用国家禁用的农药品种，严格按照农药产品登记的防治对象、用量、使用次数、使用时期以及安全间隔期使用，根据农药特性及防治对象特点合理混用、轮用农药，其他按照GB/T 8321.1 ~ GB/T 8321.7、NY/T 1276以及《烟草农药推荐使用意见》规定执行。

附录四　四川不同植烟区烟田害虫绿色防控技术方案

——泸州市烟草主要害虫绿色防控技术方案

泸州市是四川省重要烟草生产基地之一。长期以来，烟草蚜虫、地下害虫等害虫严重危害，严重影响烟叶生产。为此，四川省、泸州市烟草公司近年来立项开展了烟草害虫的系统研究，根据研究成果，特别制定出泸州市烟草主要害虫绿色防控技术方案如下：

一、烟草苗期害虫种类和主要防控措施

1. 苗期害虫

在烟苗育苗期，主要有烟蚜、烟粉虱、烟蓟马和斑潜蝇等害

虫发生和危害。

2. 主要防控措施

（1）苗床

育苗大棚远离农舍、烟田、菜园、蔬菜大棚等虫源地。

（2）烟蚜、烟粉虱和烟蓟马

在育苗棚内悬挂黄板 5 ～ 10 张 / 棚，当烟苗植株每株达到 5 ～ 10 头 / 株时，选用 5% 吡虫啉乳油 1 500 倍液、3% 啶虫脒乳油 2 000 倍液等药剂喷雾。

二、大田期害虫种类和主要防控措施

1. 害虫种类

在烟苗大田期，主要有烟蚜、斜纹夜蛾、烟青虫和金龟子成虫等食叶性害虫，以及小地老虎、暗黑鳃金龟幼虫、铜绿丽金龟幼虫、中华土甲和中华叩甲等地下害虫发生和危害。

2. 防治措施

（1）农业防治

A. 烟田清洁：烟草收获后和烟田整地前彻底处理烟株、烟杆。

B. 烟田整治：冬春时节翻土、灌水犁耙；移栽前高厢起垄。

（2）物理防治

A. 地膜防蚜：在烟苗移栽时采用银膜或白膜覆盖栽培。

B. 色板诱蚜：4 月下旬至 5 月下旬（团棵期）悬挂黄板诱杀有翅蚜，密度为 20 ～ 25 张 / 亩。

C. 灯光诱杀：在烟田安装杀虫灯诱杀小地老虎、斜纹夜蛾和金龟子成虫等，密度为 30 ～ 50 亩 / 盏。

D. 性诱剂诱杀：在烟田悬挂性诱剂诱杀小地老虎、烟青虫、斜纹夜蛾等害虫成虫，密度为 1 ~ 2 套 / 亩。

E. 人工捕杀：在阴天或晴天的早晨人工捕杀烟青虫、小地老虎和斜纹夜蛾等害虫幼虫。

（3）生物防治

A. 保护利用烟田自然天敌的控害作用。

B. 人工释放天敌昆虫

a. 人工释放烟蚜茧蜂防治烟蚜：最佳释放时期分别在烟株团棵期和旺长期，烟蚜若虫盛发前期；最佳释放量：单株烟苗蚜量 5 头左右按照蜂蚜比 1 ：10 ~ 20 放蜂（250 ~ 500 头 / 亩）；单株烟苗蚜量 6 ~ 20 头按照蜂蚜比 1 ：20 ~ 30 放蜂（300 ~ 1 000 头 / 亩）；单株烟苗蚜量 21 ~ 50 头按照蜂蚜比 1 ：50 ~ 100 放蜂（250 ~ 1 100 头 / 亩）；单株烟苗蚜量 50 ~ 100 头按照蜂蚜比 1 ：50 放蜂（1 000 ~ 2 000 头 / 亩）。

b. 人工释放赤眼蜂防治烟青虫和斜纹夜蛾等：选用松毛虫赤眼蜂等赤眼蜂在 6 月中旬（团棵期至旺长期），烟青虫和斜纹夜蛾幼虫盛发期，在烟田释放的最适释放量为 10 ~ 15 粒 / 亩。

C. 生物防治防治方法：选择适当的微生物源或植物源生物农药防治烟草病虫害。

（4）药剂防治

A. 地下害虫

a. 毒土穴施：在移栽时选用 0.5% 阿维菌素颗粒剂 3 ~ 4 kg/ 亩、0.2% 联苯菊酯颗粒剂 500 ~ 600 g/ 亩、10% 噻虫磷颗粒剂 1.5 ~ 2 kg/ 亩和 1% 联苯 • 噻虫胺颗粒剂 1.5 ~ 2 kg/ 亩等药剂，按加入 15 ~ 20 kg 沙土 / 亩制成毒土，进行穴施。

b. 药液灌根：选用 50% 辛硫磷乳油 1 000 倍液、2.5% 高效氯氟氰菊酯乳油 2 000 倍液、90% 敌百虫晶体 500 ~ 800 倍液等药剂浇灌烟株，每株 200 mL 左右。

c. 药液喷雾：小地老虎幼虫三龄前，于傍晚喷施 2.5% 高效氯氟氰菊酯乳油 2 000 倍液。

B. 野蛞蝓

选用 6% 四聚乙醛颗粒剂 400 ~ 550 g/ 亩，按 15 ~ 20 kg 沙土 / 亩制成毒土，均匀撒施在烟株四周。

C. 烟蚜、烟粉虱和烟蓟马

选用 5% 吡虫啉乳油 1 500 倍液、3% 啶虫脒乳油 2 000 倍液等药剂喷雾防治。

D. 烟青虫和斜纹夜蛾

选用 40% 灭多威可溶性粉剂 1 500 倍液、2.5% 氟氯氰菊酯乳油 2 000 倍液、1% 甲氨基阿维菌素苯甲酸盐可分散粒剂 5 ~ 10 g/ 亩等药剂喷雾防治。

3. 合理使用农药

按照国家政策和有关法规规定选择农药产品，所选用的农药品种应具有齐全的“三证”（农药生产许可证或农药生产批准文件、农药标准证和农药登记证），严禁使用国家禁用的农药品种，严格按照农药产品登记的防治对象、用量、使用次数、使用时期以及安全间隔期使用，根据农药特性及防治对象特点合理混用、轮用农药，其他按照 GB/T 8321.1 ~ GB/T 8321.7、NY/T 1276 以及《烟草农药推荐使用意见》规定执行。

附录五　四川不同植烟区烟田害虫绿色防控技术方案

——宜宾市烟草主要害虫绿色防控技术方案

宜宾是四川省重要的烟草生产基地之一。长期以来，烟草移栽期的地下害虫和团棵期的野蛞蝓等害虫严重危害烟株，严重影响烟叶生产。为此，四川省、宜宾市烟草公司近年来立项开展了烟草害虫的系统研究，根据研究成果，特别制定出宜宾市烟草主要害虫绿色防控技术方案如下：

一、烟草苗期害虫种类和主要防控措施

1. 苗期害虫

在烟苗育苗期，主要有烟蚜和烟粉虱等害虫发生和危害。

2. 主要防控措施

（1）苗床

育苗大棚远离村庄、烟田、菜园、蔬菜大棚等虫源地。

（2）烟蚜和烟粉虱

在育苗棚内悬挂黄板 5 ~ 10 张 / 棚，当烟苗植株每株达到 5 ~ 10 头 / 株时，选用 5% 吡虫啉乳油 1 500 倍液、3% 啶虫脒乳油 2 000 倍液等药剂喷雾。

二、大田期害虫种类和主要防控措施

1. 害虫种类

在烟苗大田期，主要有烟蚜、斜纹夜蛾、烟青虫、野蛞蝓和

金龟子成虫等食叶性害虫，以及小地老虎、暗黑鳃金龟幼虫、铜绿丽金龟幼虫、东方蝼蛄等地下害虫发生和危害。

2. 防治措施

（1）农业防治

A. 烟田清洁：烟草收获后和烟田整地前彻底处理烟株、烟杆。

B. 烟田整治：冬春时节翻土、灌水犁耙；移栽前高厢起垄。

C. 烟田水旱轮作。

（2）物理防治

A. 地膜防蚜：在烟苗移栽时采用银膜或白膜覆盖栽培。

B. 色板诱蚜：4 月中旬至 5 月中旬（团棵期）悬挂黄板诱杀有翅蚜，密度为 20 ～ 25 张 / 亩。

C. 灯光诱杀：在烟田安装杀虫灯诱杀小地老虎、斜纹夜蛾和金龟子成虫等，密度为 30 ～ 50 亩 / 盏。

D. 性诱剂诱杀：在烟田悬挂性诱剂诱杀小地老虎、烟青虫、斜纹夜蛾等害虫成虫，密度为 1 ～ 2 套 / 亩。

E. 人工捕杀：在阴天或晴天的早晨人工捕杀烟青虫、小地老虎和斜纹夜蛾等害虫幼虫。

（3）生物防治

A. 保护利用烟田自然天敌的控害作用。

B. 人工释放天敌昆虫

a. 人工释放烟蚜茧蜂防治烟蚜：最佳释放时期分别在烟株团棵期和旺长期，烟蚜若虫盛发前期；最佳释放量：单株烟苗蚜量 5 头左右按照蜂蚜比 1 ∶ 10 ～ 20 放蜂（250 ～ 500 头 / 亩）；单株烟苗蚜量 6 ～ 20 头按照蜂蚜比 1 ∶ 20 ～ 30 放蜂

（300 ~ 1 000 头 / 亩）；单株烟苗蚜量 21 ~ 50 头按照蜂蚜比 1 ：50 ~ 100 放蜂（250 ~ 1 100 头 / 亩）；单株烟苗蚜量 50 ~ 100 头按照蜂蚜比 1 ：50 放蜂（1 000 ~ 2 000 头 / 亩）。

b. 人工释放赤眼蜂防治烟青虫和斜纹夜蛾等：选用松毛虫赤眼蜂等赤眼蜂在 6 月中旬（团棵期至旺长期），烟青虫和斜纹夜蛾幼虫盛发期，在烟田释放的最适释放量为 10 ~ 15 粒 / 亩。

C. 生物防治防治方法：选择适当的微生物源或植物源生物农药防治烟草病虫害。

（4）药剂防治

A. 地下害虫

a. 毒土穴施：在烟苗移栽时选用 0.5% 阿维菌素颗粒剂 3 ~ 4 kg/ 亩、0.2% 联苯菊酯颗粒剂 500 ~ 600 g/ 亩、10% 噻虫磷颗粒剂 1.5 ~ 2 kg/ 亩和 1% 联苯 • 噻虫胺颗粒剂 1.5 ~ 2 kg/ 亩等药剂，按加入 15 ~ 20 kg 沙土 / 亩制成毒土，进行穴施。

b. 药液灌根：在烟苗移栽时，选用 50% 辛硫磷乳油 1 000 倍液、2.5% 高效氯氟氰菊酯乳油 2 000 倍液、90% 敌百虫晶体 500 ~ 800 倍液等药剂浇灌烟株，每株 200 mL 左右。

c. 药液喷雾：小地老虎幼虫三龄前，于傍晚喷施 2.5% 高效氯氟氰菊酯乳油 2 000 倍液。

B. 野蛞蝓

烟苗移栽后，选用 6% 四聚乙醛颗粒剂 400 ~ 550 g/ 亩，按加入 15 ~ 20 kg 沙土 / 亩制成毒土，均匀撒施在烟株四周。

C. 烟蚜和烟粉虱

选用 5% 吡虫啉乳油 1 500 倍液、3% 啶虫脒乳油 2 000 倍液等药剂喷雾防治。

D. 烟青虫和斜纹夜蛾

选用 40% 灭多威可溶性粉剂 1 500 倍液、2.5% 氟氯氰菊酯乳油 2 000 倍液、1% 甲氨基阿维菌素苯甲酸盐可分散粒剂 5 ~ 10 g/ 亩等药剂喷雾防治。

3. 合理使用农药

按照国家政策和有关法规规定选择农药产品，所选用的农药品种应具有齐全的“三证”（农药生产许可证或农药生产批准文件、农药标准证和农药登记证），严禁使用国家禁用的农药品种，严格按照农药产品登记的防治对象、用量、使用次数、使用时期以及安全间隔期使用，根据农药特性及防治对象特点合理混用、轮用农药，其他按照 GB/T 8321.1 ~ GB/T 8321.7、NY/T 1276 以及《烟草农药推荐使用意见》规定执行。

附录六　四川不同植烟区烟田害虫绿色防控技术方案

——广元市烟草主要害虫绿色防控技术方案

广元市地处秦岭山脉边缘，是四川省重要烟草生产基地之一。长期以来，烟草蚜虫、潜叶蛾和地下害虫严重产生危害，严重影响烟叶生产。为此，四川省、广元市烟草公司近年来立项开展了烟草害虫的系统研究，根据研究成果，特别制定出广元市烟草主要害虫绿色防控技术方案如下：

一、烟草苗期害虫种类和主要防控措施

1. 苗期害虫

在烟苗育苗期，主要有烟蚜和烟粉虱等害虫发生和危害。

2. 主要防控措施

（1）苗床

育苗大棚远离农舍、烟田、菜园、蔬菜大棚等虫源。

（2）烟蚜和烟粉虱

在育苗棚内悬挂黄板 5 ~ 10 张 / 棚，当烟苗植株每株达到 5 ~ 10 头 / 株时，选用 5% 吡虫啉乳油 1 500 倍液、3% 啶虫脒乳油 2 000 倍液等药剂喷雾。

二、大田期害虫种类和主要防控措施

1. 害虫种类

在烟苗大田期，主要有烟蚜、斜纹夜蛾、烟青虫和金龟子成虫等食叶性害虫，以及小地老虎、暗黑鳃金龟幼虫、铜绿丽金龟幼虫和东方蝼蛄等地下害虫发生和危害。

2. 防治措施

（1）农业防治

A. 烟田清洁：烟草收获后和烟田整地前彻底处理烟株、烟杆。

B. 烟田整治：冬春时节翻土、灌水犁耙；移栽前高厢起垄。

（2）物理防治

A. 地膜防蚜：在烟苗移栽时采用银膜或白膜覆盖栽培。

B. 色板诱蚜：5月上旬至6月上旬（团棵期）悬挂黄板诱杀有翅蚜，密度为20 ~ 25张/亩。

C. 灯光诱杀：在烟田安装杀虫灯诱杀小地老虎、斜纹夜蛾和金龟子成虫等，密度为30 ~ 50亩/盏。

D. 性诱剂诱杀：在烟田悬挂性诱剂诱杀小地老虎、烟青虫、斜纹夜蛾等害虫成虫，密度为1 ~ 2套/亩。

E. 人工捕杀：在阴天或晴天的早晨人工捕杀烟青虫、小地老虎和斜纹夜蛾等害虫幼虫。

（3）生物防治

A. 保护利用烟田自然天敌的控害作用。

B. 人工释放天敌昆虫

a. 人工释放烟蚜茧蜂防治烟蚜：最佳释放时期分别在烟株团棵期和旺长期，烟蚜若虫盛发前期；最佳释放量：单株烟苗蚜量5头左右按照蜂蚜比1 ∶ 10 ~ 20放蜂（250 ~ 500头/亩）；单株烟苗蚜量6 ~ 20头按照蜂蚜比1 ∶ 20 ~ 30放蜂（300 ~ 1 000头/亩）；单株烟苗蚜量21 ~ 50头按照蜂蚜比1 ∶ 50 ~ 100放蜂（250 ~ 1 100头/亩）；单株烟苗蚜量50 ~ 100头按照蜂蚜比1 ∶ 50放蜂（1 000 ~ 2 000头/亩）。

b. 人工释放赤眼蜂防治烟青虫和斜纹夜蛾等：选用松毛虫赤眼蜂等赤眼蜂在6月中旬（团棵期至旺长期），烟青虫和斜纹夜蛾幼虫盛发期，在烟田释放的最适释放量为10 ~ 15粒/亩。

C. 生物农药防治：选择适当的微生物源或植物源生物农药防治烟草病虫害。

（4）药剂防治

A. 地下害虫

a. 毒土穴施：在移栽时选用 0.5% 阿维菌素颗粒剂 3 ～ 4 kg/ 亩、0.2% 联苯菊酯颗粒剂 500 ～ 600 g/ 亩、10% 噻虫磷颗粒剂 1.5 ～ 2 kg/ 亩和 1% 联苯 • 噻虫胺颗粒剂 1.5 ～ 2 kg/ 亩等药剂，按加入 15 ～ 20 kg 沙土 / 亩制成毒土，进行穴施。

b. 药液灌根：在移栽时，选用 50% 辛硫磷乳油 1 000 倍液、2.5% 高效氯氟氰菊酯乳油 2 000 倍液、90% 敌百虫晶体 500 ～ 800 倍液等药剂浇灌烟株，每株 200 mL 左右。

c. 药液喷雾：小地老虎幼虫三龄前，于傍晚喷施 2.5% 高效氯氟氰菊酯乳油 2 000 倍液。

B. 烟蚜和烟粉虱

选用 5% 吡虫啉乳油 1 500 倍液、3% 啶虫脒乳油 2 000 倍液等药剂喷雾防治。

C. 烟青虫和斜纹夜蛾

选用 40% 灭多威可溶性粉剂 1 500 倍液、2.5% 氟氯氰菊酯乳油 2 000 倍液、1% 甲氨基阿维菌素苯甲酸盐可分散粒剂 5 ～ 10 g/ 亩等药剂喷雾防治。

D. 潜叶蛾和蛀茎蛾

选用 50% 氟啶脲乳油 2 000 ～ 3 000 倍液、25% 溴氰菊酯乳油 1 500 ～ 2 500 倍液、20% 氰戊菊酯乳油 40 mL/ 亩进行药液喷雾。

E. 绿盲蝽

选用 50% 氟啶虫酰胺水分散粒剂 20 ～ 45 mL/ 亩、25 g/L 高效氯氟氰菊酯乳油 30 ～ 60 mL/ 亩、45% 马拉硫磷乳油 40 ～ 70 mL/ 亩

3. 合理使用农药

按照国家政策和有关法规规定选择农药产品，所选用的农

药品种应具有齐全的“三证”（农药生产许可证或农药生产批准文件、农药标准证和农药登记证），严禁使用国家禁用的农药品种，严格按照农药产品登记的防治对象、用量、使用次数、使用时期以及安全间隔期使用，根据农药特性及防治对象特点合理混用、轮用农药，其他按照 GB/T 8321.1 ～ GB/T 8321.7、NY/T 1276 以及《烟草农药推荐使用意见》规定执行。

附录七 四川不同植烟区烟田害虫绿色防控技术方案

——达州市烟草主要害虫绿色防控技术方案

达州市是四川省乃至全国的优质白肋烟烟生产基地之一。长期以来，烟草蚜虫，特别是地下害虫在烟苗移栽期严重危害，造成大量断苗、死苗，严重影响烟叶生产。为此，四川省、达州市烟草公司近年来立项开展了烟草害虫的系统研究，根据研究成果，特别制定出达州市烟草主要害虫绿色防控技术方案如下：

一、烟草苗期害虫种类和主要防控措施

1. 苗期害虫

在烟苗育苗期，主要有烟蚜和烟粉虱等害虫发生和危害。

2. 主要防控措施

（1）苗床

育苗大棚远离农舍、烟田、菜园、蔬菜大棚等虫源地。

（2）烟蚜和烟粉虱

在育苗棚内悬挂黄板 5 ～ 10 张 / 棚，当烟苗植株每株达到

5 ~ 10 头 / 株时，选用 5% 吡虫啉乳油 1 500 倍液、3% 啶虫脒乳油 2 000 倍液等药剂喷雾。

二、大田期害虫种类和主要防控措施

1. 害虫种类

在烟苗大田期，主要有烟蚜、斜纹夜蛾、烟青虫和金龟子成虫等食叶性害虫，以及小地老虎、暗黑鳃金龟幼虫、铜绿丽金龟幼虫和东方蝼蛄等地下害虫发生和危害。

2. 防治措施

（1）农业防治

A. 烟田清洁：烟草收获后和烟田整地前彻底处理烟株、烟杆。

B. 烟田整治：冬春时节翻土、灌水犁耙；移栽前高厢起垄。

（2）物理防治

A. 地膜防蚜：在烟苗移栽时采用银膜或白膜覆盖栽培。

B. 色板诱蚜：4 月下旬至 5 月下旬（团棵期）悬挂黄板诱杀有翅蚜，密度为 20 ~ 25 张 / 亩。

C. 灯光诱杀：在烟田安装杀虫灯诱杀小地老虎、斜纹夜蛾和金龟子成虫等，密度为 30 ~ 50 亩 / 盏。

D. 性诱剂诱杀：在烟田悬挂性诱剂诱杀小地老虎、烟青虫、斜纹夜蛾等害虫成虫，密度为 1 ~ 2 套 / 亩。

E. 人工捕杀：在阴天或晴天的早晨人工捕杀烟青虫、小地老虎和斜纹夜蛾等害虫幼虫。

（3）生物防治

A. 保护利用烟田自然天敌的控害作用。

B. 人工释放天敌昆虫

a. 人工释放烟蚜茧蜂防治烟蚜：最佳释放时期分别在烟株团棵期和旺长期，烟蚜若虫盛发前期；最佳释放量：单株烟苗蚜量 5 头左右按照蜂蚜比 1 ∶ 10 ~ 20 放蜂（250 ~ 500 头 / 亩）；单株烟苗蚜量 6 ~ 20 头按照蜂蚜比 1 ∶ 20 ~ 30 放蜂（300 ~ 1 000 头 / 亩）；单株烟苗蚜量 21 ~ 50 头按照蜂蚜比 1 ∶ 50 ~ 100 放蜂（250 ~ 1 100 头 / 亩）；单株烟苗蚜量 50 ~ 100 头按照蜂蚜比 1 ∶ 50 放蜂（1 000 ~ 2 000 头 / 亩）。

b. 人工释放赤眼蜂防治烟青虫和斜纹夜蛾等：选用松毛虫赤眼蜂等赤眼蜂在 6 月中旬（团棵期至旺长期），烟青虫和斜纹夜蛾幼虫盛发期，在烟田释放的最适释放量为 10 ~ 15 粒 / 亩。

C. 生物农药防治：选择适当的微生物源或植物源生物农药防治烟草病虫害。

（4）药剂防治

A. 地下害虫

a. 毒土穴施：在移栽时，选用 0.5% 阿维菌素颗粒剂 3 ~ 4 kg/ 亩、0.2% 联苯菊酯颗粒剂 500 ~ 600 g/ 亩、10% 噻虫磷颗粒剂 1.5 ~ 2 kg/ 亩和 1% 联苯 • 噻虫胺颗粒剂 1.5 ~ 2 kg/ 亩等药剂，按加入 15 ~ 20 kg 沙土 / 亩制成毒土，进行穴施。

b. 药液灌根：在移栽时，选用 50% 辛硫磷乳油 1 000 倍液、2.5% 高效氯氟氰菊酯乳油 2 000 倍液、90% 敌百虫晶体 500 ~ 800 倍液等药剂浇灌烟株，每株 200 mL 左右。

c. 药液喷雾：小地老虎幼虫三龄前，于傍晚撒施 2.5% 高效氯氟氰菊酯乳油 2 000 倍液。

B. 烟蚜和烟粉虱

选用 5% 吡虫啉乳油 1 500 倍液、3% 啶虫脒乳油 2 000 倍液等药剂喷雾防治。

C. 烟青虫和斜纹夜蛾

选用 40% 灭多威可溶性粉剂 1 500 倍液、2.5% 氟氯氰菊酯乳油 2 000 倍液、1% 甲氨基阿维菌素苯甲酸盐可分散粒剂 5 ~ 10 g/ 亩等药剂喷雾防治。

D. 潜叶蛾和蛀茎蛾

选用 50% 氟啶脲乳油 2 000 ~ 3 000 倍液、25% 溴氰菊酯乳油 1 500 ~ 2 500 倍液、20% 氰戊菊酯乳油 40 mL/ 亩进行药液喷雾。

F. 绿盲蝽

选用 50% 氟啶虫酰胺水分散粒剂 20 ~ 45 mL/ 亩、25 g/L 高效氯氟氰菊酯乳油 30 ~ 60 mL/ 亩、45% 马拉硫磷乳油 40 ~ 70 mL/ 亩

3. 合理使用农药

按照国家政策和有关法规规定选择农药产品，所选用的农药品种应具有齐全的“三证”（农药生产许可证或农药生产批准文件、农药标准证和农药登记证），严禁使用国家禁用的农药品种，严格按照农药产品登记的防治对象、用量、使用次数、使用时期以及安全间隔期使用，根据农药特性及防治对象特点合理混用、轮用农药，其他按照 GB/T 8321.1 ~ GB/T 8321.7、NY/T 1276 以及《烟草农药推荐使用意见》规定执行。

附录八　四川不同植烟区烟田害虫绿色防控技术方案

——德阳市烟草主要害虫绿色防控技术方案

德阳市是四川省及全国的晒烟生产基地之一。长期以来，烟草蚜虫严重危害，严重影响烟叶生产。为此，四川省、德阳市烟草公司近年来立项开展了烟草害虫的系统研究，根据研究成果，特别制定出德阳市烟草主要害虫绿色防控技术方案如下：

一、烟草苗期害虫种类和主要防控措施

1. 苗期害虫

在烟苗育苗期，主要有烟蚜和烟粉虱等害虫发生和危害。

2. 主要防控措施

（1）苗床

育苗大棚远离农舍、烟田、菜园、蔬菜大棚等虫源地。

（2）烟蚜和烟粉虱

在育苗棚内悬挂黄板 5 ~ 10 张 / 棚，当烟苗植株每株达到 5 ~ 10 头 / 株时，选用 5% 吡虫啉乳油 1 500 倍液、3% 啶虫脒乳油 2 000 倍液等药剂喷雾。

二、大田期害虫种类和主要防控措施

1. 害虫种类

在烟苗大田期，主要有烟蚜、斜纹夜蛾、烟青虫和金龟子成虫等食叶性害虫，以及小地老虎、暗黑鳃金龟幼虫、铜绿丽金龟幼虫、中华土甲和中华叩甲等地下害虫发生和危害。

2. 防治措施

（1）农业防治

A. 烟田清洁：烟草收获后和烟田整地前彻底处理烟株、烟杆。

B. 烟田整治：冬春时节翻土、灌水犁耙；移栽前高厢起垄。

C. 烟田水旱轮作

（2）物理防治

A. 地膜防蚜：在烟苗移栽时采用银膜或白膜覆盖栽培。

B. 色板诱蚜：4 月下旬至 5 月下旬（团棵期）悬挂黄板诱杀有翅蚜，密度为 20 ～ 25 张 / 亩。

C. 灯光诱杀：在烟田安装杀虫灯诱杀小地老虎、斜纹夜蛾和金龟子成虫等，密度为 30 ～ 50 亩 / 盏。

D. 性诱剂诱杀：在烟田悬挂性诱剂诱杀小地老虎、烟青虫、斜纹夜蛾等害虫成虫，密度为 1 ～ 2 套 / 亩。

E. 人工捕杀：在阴天或晴天的早晨人工捕杀烟青虫、小地老虎和斜纹夜蛾等害虫幼虫。

（3）生物防治

A. 保护利用烟田自然天敌的控害作用。

B. 人工释放天敌昆虫

a. 人工释放烟蚜茧蜂防治烟蚜：最佳释放时期分别在烟株团棵期和旺长期，烟蚜若虫盛发前期；最佳释放量：单株烟苗蚜量 5 头左右按照蜂蚜比 1 ∶ 10 ～ 20 放蜂（250 ～ 500 头 / 亩）；单株烟苗蚜量 6 ～ 20 头按照蜂蚜比 1 ∶ 20 ～ 30 放蜂（300 ～ 1 000 头 / 亩）；单株烟苗蚜量 21 ～ 50 头按照蜂蚜比 1 ∶ 50 ～ 100 放蜂（250 ～ 1 100 头 / 亩）；单株烟苗蚜量

50 ～ 100 头按照蜂蚜比 1 ： 50 放蜂（1 000 ～ 2 000 头 / 亩）。

b. 人工释放赤眼蜂防治烟青虫和斜纹夜蛾等：选用松毛虫赤眼蜂等赤眼蜂在 6 月中旬（团棵期至旺长期），烟青虫和斜纹夜蛾幼虫盛发期，在烟田释放的最适释放量为 10 ～ 15 粒 / 亩。

C. 生物药剂防治：选择适当的微生物源或植物源生物农药防治烟草病虫害。

（4）药剂防治

A. 地下害虫

药液喷雾：小地老虎幼虫三龄前，于傍晚喷施 2.5% 高效氯氟氰菊酯乳油 2 000 倍液。

B. 烟蚜和烟粉虱

选用 5% 吡虫啉乳油 1 500 倍液、3% 啶虫脒乳油 2 000 倍液等药剂喷雾防治。

C. 烟青虫和斜纹夜蛾

选用 40% 灭多威可溶性粉剂 1 500 倍液、2.5% 氟氯氰菊酯乳油 2 000 倍液、1% 甲氨基阿维菌素苯甲酸盐可分散粒剂 5 ～ 10 g/ 亩等药剂喷雾防治。

3. 合理使用农药

按照国家政策和有关法规规定选择农药产品，所选用的农药品种应具有齐全的“三证”（农药生产许可证或农药生产批准文件、农药标准证和农药登记证），严禁使用国家禁用的农药品种，严格按照农药产品登记的防治对象、用量、使用次数、使用时期以及安全间隔期使用，根据农药特性及防治对象特点合理混用、轮用农药，其他按照 GB/T 8321.1 ～ GB/T 8321.7、NY/T 1276 以及《烟草农药推荐使用意见》规定执行。

附录九　四川烟田害虫拉、英、汉名称对照

拉丁文名	英文名	种名
A.smaragdinagdina Ohuse	Varied ～ colors chafer	多色异丽金龟
Adonia variegata Goeze	Varied ～ unusual lady beetle	多异瓢虫
Agriolimax agrestis Linnaeus	Wild slugs	野蛞蝓
Agriotes fuscicollis Miwa	Fine ～ foot click beetle	细脚叩头虫
Agriotes fusecicollis Miwa	Click beetle	叩头虫
Agriotes subvittatus Motschulsky	Barley wire wireworm	细胸金针虫
Agrius convolvuli Linnaeus	Sweet potato sphinx	甘薯天蛾
Agrotis segetum Schiffermuller	Turnip cutworm	黄地老虎
Agrotis tokicnis Butler	Greasy cutworm	大地老虎
Agrotis ypsilon Rottemberg	Black cutworm	小地老虎
Agtotis spsicon Rotlemberg	Dart moths	地老虎
Amathes c ～ nigrum Linnaeus	Spotted cutworm	八字地老虎
Amomala cuprea Hope	Cupreous chafer	大绿丽金龟
Amsacta lactinea Cramer	Red costate tiger moth	红缘灯蛾
Anomala antique Gyll ～ enhal	Black copper chafer	桐黑丽金龟
Anomala antique Gyll ～ enhal	Black copper chafer	铜黑丽金龟

续表

拉丁文名	英文名	种名
Anomala corpulenta Motschulsky	Green copper chafer	铜绿丽金龟
Anomala exoleta Faldermann	Yellowish ～ brown chafer	黄褐丽金龟
Anomala expansa Bates	Sugarcane wings chafer	甘蔗翼翅丽金龟
Anomala millestriga Bates	Fresh green chafer	翠绿异丽金龟
Anomala rufocuprea Mostchulslxy	Light copper chafer	淡铜异丽金龟
Anomala sieversi Heyden	Common green chafer	苹绿丽金龟
Anomala smaragdinagdina Ohuse	Varied ～ colors chafer	多色异丽金龟
Anomaslas sieversi Heyden	Common green chafer	苹绿丽金龟
Anotogaster sieboldii Selys	Giant circle maximus dragonfly	巨圆臀大蜓
Aphidius gifuensis Ashm aed	Tabacco aphid braconid wasp	烟草蚜茧蜂
Argyrogramma agnata Staudinger	Silver ～ lines moth	银纹夜蛾
Atractomorpha sinensis Bolivar	Short ～ forehead grasshopper	短额负蝗
Beauveria bassiana BalsVuill	Muscardine	白僵菌
Bemisia tabaci Gennadius	Sweetpotato whitefly	烟粉虱
Blatta orientalis	Oriental cockroach	东方蜚蠊
Blattlla germanica	German cockroach	德国小蠊
Brachymeria Lasus Walker	Broad big ～ leg bees	广大腿小蜂

续表

拉丁文名	英文名	种名
Bradybaena racida Benson	Bradybaena ravida	灰巴蜗牛
Bradybena similaris Ferussac	Same type snail	同型蜗牛
Brevicoryne brassicae Linneaus	Cabbage aphid	甘蓝蚜
Callitettix versicolor Fabricius	Rice froghopper	稻沫蝉
Calosoma chinense Kirby	Chinese star ground beetle	中华星步甲
Campoletis chlorideae Uchida	Bollworm tooth lip ichneumon	棉铃虫齿唇姬蜂
*Catharsius molossus*Linnaeus	Shennong dung beetle	神农蜣螂
Chelidonium argentatum Dalman	Orange ～ light green beetle	桔光绿天牛
Chondracris rosea rosea De Geer	Cotton grasshopper	棉蝗
Chrysopa pallens Rambur	Larger lacewing	大草蛉
Chrysoperla sinica Tjeder	Chinese lacewing	中华草蛉
Cicadella viridis Linnaeus	Green leafhopper	大青叶蝉
Cicadulina bipunctella Mats	Aster leafhopper	二点叶蝉
Coccinella septempunctata Linnaeus	Star ～ spotted lady beetle	七星瓢虫
Compoletis chlorideae Uchida	Bollworm tooth lip ichneumon	棉铃虫齿唇姬蜂
Conocephalus maculatus	Small katydid	小螽斯
*Copris ochus*Motschulsky	Dung beetle	臭蜣螂
Cyrtopeltis tenuis Reuter	Tobacco capsid	烟盲蝽

续表

拉丁文名	英文名	种名
Derocera Agriolimax agrestis	Wild tassel slug	野缨蛞蝓
Diaeretiella rapae M′ Intosh	Cabbage aphid braconid wasp	菜蚜茧蜂
Dolycoris baccarum Linnaeus	Spotted bugs	须斑蝽
Ducetia japonica Thunberg	Back ～ striped katydid	日本条螽（黑条螽斯）
Elater sinensis Candeze	Chinese click beetle	中华叩甲
Empoasca vitis Gothe	Smaller green leafhopper	小绿叶蝉
Ephedrus nacheri Quilis	Millet aphidiidae braconid wasp	黍蚜茧蜂
Ephedrus persicae Froggatt	Peach aphid braconid wasp	桃蚜茧蜂
Epicauta gorhami Marseul	Bean blister beetle	豆芫菁
Epilachna admirabilis Crotch	Melon eggplant lady beetle	瓜茄瓢虫
Episyrphus balteata De Geer	Black ～ banded hoverfly	黑带食蚜蝇
Euborellia pallipes Skiraki	Yellow ～ spotted earwig	黄星蠼螋
Euxoa clerica Butler	Purple cutworm	紫切根虫
Faldermann sinensis Candeie	Ditch ～ chest wireworm	沟胸金针虫
Frankliniella intonsa Trybom	Flower thrips	花蓟马
Gonocephalum Sinicum Reichardt	Chinese soil beatles	中华土甲
Gryllotalpa orientalis Burmeister	Oriental mole cricket	东方蝼蛄
Gryllus tsstaceus Burmeister	Black field cricket	黑油葫芦

续表

拉丁文名	英文名	种名
H.pledina aequabilis Bates	Equal ridge chafer	等脊鳃金龟
Harmonia axyridis Pallas	Heterochrosis lady beetles	异色瓢虫
Harpalus sinicus Hope	Chinese gain ground beetle	中华婪步甲
Helicoverpa armigera Hubner	Cotton ear worm	棉铃虫
Heliothis assulta Guenee	Tabacco budworm	烟青虫
Heliothis assulta Guenee	Tabacco moth	烟草夜蛾
Henosepilachna pusillanima Linnaeus	Twelve ～ spotted lady beetle	十二星瓢虫
Henosepilachna vigintiocto maculate Motschculsky	Potato larger 28 ～ spotted lady beetle	马铃薯二十八星瓢虫
Henosepilachna vigintiocto punctata Fabricius	Larger 28 ～ spotted lady beetle	茄二十八星瓢虫
Henosepilachna vigntiocto punctata Fabricius	Potato lady beetle	马铃薯瓢虫
Heracentrics japaniese Kanny	Japanese katydids	日本螽斯
Herse convolvuli Linnaeus	Sweet potato hornworm	白薯天蛾
Hierodula patellifera Serville	Broad ～ abdomn mantid	广腹螳螂
Holitrichia sinensis Hope	Chinese ridge beetle	华脊鳃金龟
Holotrichia parallela Motschulsky	Dark chafer	暗黑鳃金龟
Holotrichia plumbes Hope	Aluminum ash beetle	铝灰鳃金龟
Hoplosternus incanus Motschlsky	Gray chest chafer	灰胸突鳃金龟

续表

拉丁文名	英文名	种名
Hoplosternus insigris Semenov	Cross chest chafer	叉胸突鳃金龟
Hypomeces squamosus Fabricius	Green scaly weevil	绿鳞象甲
Lipaphis erysimi Kabltenbach	Mustard aphid	萝卜蚜
Liriomgza huidobrensis Blanchard	Leaf miner	斑潜蝇
Longhorned grasshoppers	Katydid	螽斯
Mamestra brassicae Linnaeus	Cabbage moth	甘蓝夜蛾
Metopius rufus browni Ashmend	Common cut worm face shield ichneumon	斜纹夜蛾盾脸姬蜂
Mimela dehaani	Bright green beetle	亮绿丽金龟
Mythimna separata Walker	Armyworm	黏虫
Myzus persicae Sulzer	Tabacco aphid	烟蚜
Nephotettis bipunctans Uhler	Black ～ tail leafhopper	黑尾叶蝉
Nephotettix uirescens Distangt	Two ～ spotted black ～ tail leafhopper	二点黑尾叶蝉
Netelia ocelloaris Thomaris Thomson	Cabbage ～ worm thin ichneumon	甘蓝夜蛾拟瘦姬蜂
Nezara viridula Linnaeus	Green rice bug	稻绿蝽
Orientomiris piceus	Sichuan east capsid	四川东盲蝽
Oxya chinensis Thunberg	Chinese grasshopper	中华稻蝗

续表

拉丁文名	英文名	种名
Oxya ogavisa Tsai	Mountain rice grasshopper	山稻蝗
Paratenodera sinensis Saussure	Chinese mantid	中华螳螂
Phaneroptera sinensis Uvaror	Chinese dew katydid	中华露螽
Phthorimaea operculella Zeller	Tabacoo tuber worm	烟草潜叶蛾
Pierisrapae Linnaeus	Cabbage bufferfly	菜粉蝶
Pirata japonicus Tanaka	Japanese water wolf spider	日本水狼蛛
Pleonomus canaliculatus Faldermann	Wireworms	沟金针虫
Plutella xyllostella Linnaeus	Cabbage moth	小菜蛾
Polistes Rodsekowski	Yokohama long ～ legged wasp	横滨长脚胡蜂
Polistes japaniese fadwigue Torre	Japanese long ～ legged wasp	日本长脚胡蜂
Polistes mandarinus Saussure	Yellow ～ black long ～ legged wasp	黄黑长脚胡蜂
Polistes okinawansis Matsumura	Common long ～ legged wasp	普通长脚胡蜂
Polyphylla laticollis Lewis	Cloud spot chafer	云斑鳃金龟
Popillia atrocerulea Bates	Coloured arc beetle	琉璃弧丽金龟
Popillia mutans Newman	Common beetle	无斑弧丽金龟
Popillia quadri uttata Fabricius	Chinese arc beetle	中华弧丽金龟

续表

拉丁文名	英文名	种名
Proagopertha lucidula Faidermann	Apple hair beetle	苹毛丽金龟
Prodenia litura Fabricius	common cut worm	斜纹夜蛾
Rodolia rufopilosa Mulsant	Larger lady beetle	大红瓢虫
Scarabaeus typhoon Fischer	Typhoon dung beetle	台风蜣螂
Scrobipalpa haliopa lower	Tabacco decayed stem moth	烟蛀茎蛾
Selatosomus latus Fabricius	Wide ～ back wireworm	宽背金针虫
Serica aureola	Ma rong silk beetle	玛绒绢金龟
Serica aureola Murayama	Golden yellow maladera beetle	金黄绢金龟
Serica orientalis，*Maladera orientalis*	Black velvet beetle	黑绒金龟子
Smaragdina nigrifrons Hope	Black forehead light leaf beetle	黑额光叶甲
Sogatella furcifera Horváth	White backed planthopper	白背飞虱
Sophrops Fairmaire	Cable beetle	条索鳃金龟
Sophrops Fairmaire	Cable beetle	中索鳃金龟
Sympiezomias velatus Chevrolat	Larger weevil	大灰象
Syrphus torvus Osten-Sack	Wild hoverfly	野食蚜蝇

续表

拉丁文名	英文名	种名
Tarbinskiellus portentosus Burmeister	Peanut big cricket	花生大蟋
Teleogryllus mitratus	South crecket	南方油葫芦
Teleogryllus mitratus Burmeister	Beijing field crecket	北京油葫芦
Thrips tabaci Lindeman	Tobacco thrips	烟蓟马
Trialeurodes vapotariorum Westsood	Greenhouse whitefly	温室粉虱
Trichgrramma confusum Viggianc	Damsel Aurtralian minute egg parasite	拟澳洲赤眼蜂
Trilophidia annulata Thunberg	Wart grasshopper	疣蝗
Trishgramma dendrolimim Matsumura	Minute egg parasite of pine caterpillar	松毛虫赤眼蜂
Velarifcotorus micado Saussure	Fighting Cricket	斗蟋
Vespa crabromiformis Smis	Yellow costate hornet	黄边胡蜂
Vespa lewisiii Comeron	Yellow hornet	黄胡蜂
Xanthopimpla predator Fabricius	Pine caterpillar black	松毛虫黑点瘤姬蜂

附录十 著作依托的科技研究项目情况

序号	项目名称	立项单位	时间（年）
1	四川烟田害虫种类调查及优势种群综合防控技术研究	四川省烟草公司	2013～2015
2	四川烟田地下害虫调查及优势种综合防控技术研究	四川省财政专项	2013～2015
3	烟草有害生物调查研究	国家烟草专卖局、四川省烟草公司、攀枝花市烟草公司	2010～2014
4	四川烟草有害生物馆藏标本制作	四川省烟草公司	2014～2017
5	攀枝花烟草地下害虫种类调查及优势防控技术研究与示范	攀枝花市烟草公司	2013～2014
6	攀枝花烤烟病虫害统防统治及专业化植保队伍建设	攀枝花市烟草公司	2013
7	攀枝花烟草安全生产技术示范	攀枝花市烟草公司	2016
8	宜宾市烟草有害生物馆藏标本制作	宜宾市烟草公司	2013
9	广元市烟草有害生物馆藏标本制作	广元市烟草公司	2012
10	凉山彝族自治州烟草主要病虫害绿色防控技术集成与示范	凉山彝族自治州烟草公司	2015
11	广元市烟草主要病虫害绿色防控技术集成与示范	广元市烟草公司	2014～2016
12	攀枝花市烟草主要病虫害绿色防控技术集成与示范	攀枝花市烟草公司	2015
13	攀枝花市烤烟新品种、新技术、新产品、新材料集成与示范	攀枝花市烟草公司	2018

附录十一　项目和著作完成单位和团队成员情况

序号	项目参加单位	团队成员
1	四川省农业科学院植物保护研究所	刘旭、吴斌、姚革、刘虹伶、石万成、肖筠、陈庆东、蒋文平、杨东升、陈松、胡伟、雷应华、夏先全
2	四川省烟草公司科技处	雷强、李斌
3	四川省烟草技术中心	屈健康、余祥文
4	四川省烟草公司凉山彝族自治州公司	王勇、刘东阳、卢军、龙岗、陈佳威、陈树鸿、朱先洲
5	四川省烟草公司攀枝花市公司	曾庆宾、张映杰、张瑞平、胡建新、张宗锦、闫芳芳、杨军伟、杨建春、官宇
6	四川省烟草公司泸州市公司	罗定棋、夏建华、蒋胜、张永辉、徐传涛、顾勇
7	四川省烟草公司宜宾市公司	向金友、杨洋、谢冰、张吉亚、易蔓、饶再生、杨懿德
8	四川省烟草公司广元市公司	顾会战、陈利平、喻晓、王栋、张启莉、何佶弦、尹振华
9	四川省烟草公司达州市公司	杨兴有、阳苇丽
10	四川省烟草公司德阳市公司	许多宽、陈维建

参考文献

[1] 陈庆东，刘虹伶．四川烟田小地老虎的主要生物学特性和防治方法 [J]. 四川农业科技，2014（11）:43.

[2] 刘虹伶，陈庆东．四川攀西烟田中华土甲防治措施 [J]. 四川农业科技，2014（12）:38.

[3] 刘虹伶，刘旭．斜纹夜蛾危害烟草的初步调查及防治 [J]. 四川农业科技，2014（10）:36.

[4] 刘旭，刘虹伶．四川烟田东方蝼蛄的发生与防治 [J]. 四川农业科技，2013（10）:38.

[5] 刘旭，刘雅琴，夏先全．四川烟蓟马的发生与防治 [J]. 四川农业科技，2008（12）:46.

[6] 刘旭，刘雅琴，姚革，等．小地老虎在四川烟区的发生与防治 [J]. 四川农业科技，2009（1）:52.

[7] 刘旭，夏先全，姚革，等．四川烟草大田生长期害虫种类及主要害虫发生规律研究 [J]. 西南农业学报，2009，22（1）:87 ~ 91.

[8] 刘旭，吴斌，闫芳芳．等，四川烟草蚀纹病毒病（TEV）的发生及其防控措施 [J]. 四川农业科技，2018（8）:33-34.

[9] 闫芳芳，蒋文平，刘虹伶，等 . 攀枝花市烟区暗黑鳃金龟生活史和田间发生规律初步研究 [J]. 西南农业学报，2016.

[10] 曾庆宾，蒋文平，刘虹伶，等 . 攀枝花市烟区中华土甲生物学特性初步研究 [J]. 西南农业学报，2016.